高等学校应用型特色规划教材

Mastercam 数控编程

于文强　张俊玲　文明才　主　编

王　英　彭　勃　纪晓磊　吴峰倩　副主编

清华大学出版社

北　京

内 容 简 介

Mastercam 是一款集 CAD/CAM 功能为一体的经济而高效的应用软件,广泛应用于机械、汽车、航空航天、造船、模具、电子和家用电器等领域。

本书通过机械制造中有关的典型范例,首先介绍 Mastercam 在机械产品设计中的零件建模思路,在数控加工中的典型工艺分析、刀具路径设置等方面的知识和应用技术,然后进行知识总结并提供大量习题以供实战练习,注重实践、强调实用。为了使读者掌握有关操作和技巧,本书根据章节提供有关的模型素材,最大限度地帮助读者快速掌握书中内容。

本书适合作为高等学校机械、数控、模具、机电一体化专业的教材,也可以作为高职高专院校相关专业学习 Mastercam 的教材,或作为 Mastercam 培训机构的培训教材;本书还可供机械制造和生产企业的工程师、Mastercam 爱好者和用户阅读和参考。

图书在版编目(CIP)数据

Mastercam 数控编程/于文强,张俊玲,文明才主编. —北京:清华大学出版社,2019 (2025.1重印)
(高等学校应用型特色规划教材)
ISBN 978-7-302-52220-1

Ⅰ. ①M… Ⅱ. ①于… ②张… ③文… Ⅲ. ①数控机床—加工—计算机辅助设计—应用软件—高等学校—教材 Ⅳ. ①TG659-39

中国版本图书馆 CIP 数据核字(2019)第 017241 号

责任编辑:陈冬梅
封面设计:杨玉兰
责任校对:李玉茹
责任印制:刘海龙

出版发行:清华大学出版社
    网   址:https://www.tup.com.cn,https://www.wqxuetang.com
    地   址:北京清华大学学研大厦 A 座   邮 编:100084
    社 总 机:010-83470000   邮 购:010-62786544
    投稿与读者服务:010-62776969,c-service@tup.tsinghua.edu.cn
    质量反馈:010-62772015,zhiliang@tup.tsinghua.edu.cn
    课件下载:https://www.tup.com.cn,010-62791865
印 装 者:天津鑫丰华印务有限公司
经 销:全国新华书店
开 本:185mm×260mm 印 张:14.5 字 数:352 千字
版 次:2019 年 3 月第 1 版   印 次:2025 年 1 月第 6 次印刷
定 价:45.00 元

产品编号:073261-01

前　　言

　　Mastercam 软件是美国 CNC Software 公司开发的 CAD/CAM 系统，是最经济有效的全方位的 CAD/CAM 软件系统，包括美国在内的各工业大国皆采用本系统作为设计、加工制造的标准。Mastercam 为全球 PC 级 CAM，全球销售量名列前茅，是工业界及学校广泛采用的 CAD/CAM 系统。

　　Mastercam 可以设计实体模型、工程图纸等，并可以通过设置刀具路径，生成零件的数控加工程序。同时，提供强大的格式转换器，支持 IGES、ACIS、DXF、DWG 等流行存档文件的相互转换，能进行企业间可靠的数据交换；具备开放的 C-HOOK 接口，用户可以将自编的工作模块与 Mastercam 无缝连接；可以与数控机床直接进行通信，将生成的 G 代码文件直接传入数控机床，为 FMS(柔性制造系统)和 CIMS(计算机集成制造系统)的集成提供了支持。因此，Mastercam 广泛应用于汽车、机械、电子、模具等众多行业的数控加工。

　　本书以 Mastercam X 版本为基础，注重实际应用和技巧训练相结合，详细介绍了 Mastercam 使用基础、二维和三维绘图、数控加工技术基础与 CAM 通用设置、二维和三维加工等方面的内容。各章主要内容如下。

第 1 章　Mastercam X 使用基础

介绍 Mastercam X 的一般操作流程、环境设置、图素的属性和显示等。

第 2 章　二维绘图

通过案例，介绍各种基本二维绘图命令的使用方法、图形的编辑与转换、文字的绘制，综合学习各种草图工具和几何约束来绘制草图实体。

第 3 章　三维绘图

介绍三维绘图的基础知识，包括构图面、视角及构图深度，扫描曲面、旋转曲面，曲面倒圆角、曲面镜像及曲面修剪，扫描实体、实体挤出、实体切割及实体旋转等内容。

第 4 章　数控加工技术基础

介绍 Mastercam X 数控编程的基本过程，包括数控加工程序编制、加工毛坯的确定、数控铣刀的选择、切削用量的选择、确定加工余量的方法以及模具的数控铣削工艺分析。

第 5 章　CAM 通用设置

介绍机床设置，包括刀具路径管理器、操作管理器的应用以及仿真模拟与后处理等内容。

第 6 章　二维加工

运用综合实例讲解外形铣削、挖槽加工、钻孔加工、面铣削、沿线条轮廓雕刻等内容。

第 7 章 三维加工

介绍刀具和加工数据库，运用综合实例讲解曲面粗加工、曲面精加工、多轴加工以及线架构加工等内容。

本书各章后面的习题不仅可以起到巩固所学知识和实战演练的作用，并且对深入学习 Mastercam X 有引导和启发作用，为方便用户学习，本书还提供了大量实例的素材。

本书在写作过程中，充分吸取了 Mastercam X 授课经验，同时，与 Mastercam X 爱好者展开了良好的交流，充分了解他们在应用 Mastercam X 过程中急需掌握的知识内容，做到理论和实践相结合。

本书由山东理工大学于文强、彭勃、纪晓磊、吴峰倩，淄博市技师学院张俊玲，青海大学机械工程学院王英，湖南城市学院机电工程学院文明才等多位高校教师和实验室工作人员合作编写，案例素材取自企业生产以及实训实验项目。在图书的编写过程中，多位从事数控加工一线生产制造管理的工程师提供了大力的技术支持，在此一并感谢！

由于作者水平有限，加上时间仓促，图书虽经再三审阅，但仍有可能存在不足和错误，恳请各位专家和朋友批评指正！

编　者

目　　录

第 1 章　Mastercam X 使用基础

Mastercam 软件是美国 CNC Software INC 开发的 CAD/CAM 系统，是最经济有效的全方位的 CAD/CAM 软件系统。包括美国在内的各工业大国皆一致采用本系统作为设计、加工制造的标准。Mastercam 为全球 PC 级 CAM，全球销售量领先，是工业界及学校广泛采用的 CAD/CAM 系统之一。

1.1　Mastercam X 的一般操作流程

本节简述 Mastercam X 的启动及用户界面的操作、系统配置设定、显示设置、文件管理等功能。

1.1.1　案例介绍及知识要点

下面将以一个简单的例子来说明 Mastercam X 的工作流程，零件如图 1-1 所示。

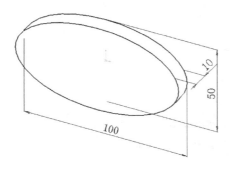

图 1-1　椭圆板零件

【知识要点】

- 启动 Mastercam。
- 用户界面。
- 文件操作。

1.1.2　工艺流程分析

使用 Mastercam X 进行刀具路径及加工程序的生成的一般操作流程，如图 1-2 所示。

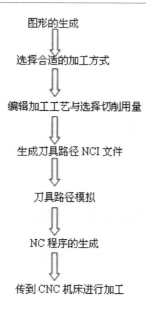

图 1-2　一般操作流程

1.1.3　操作步骤

椭圆板零件软件操作过程如下。

1. 零件设计过程

1)　设置视角和构图平面

单击 按钮，创建一个新的绘图文件，在状态栏 屏幕视角 中选取【顶视图(WCS)】。在状态栏 构图面 中选取【顶视图(WCS)】。在状态栏 Z 0.0 中设置工作深度 Z=0。

2)　设置线型和颜色

在状态栏线型框 中设置线型为中心线。在状态栏颜色块 10 中选择 7 。

3)　绘制水平中心线

在草图设计工具栏中选择 ，在绘图区中出现提示 指定第一点 ，在坐标设置栏上输入 X 为-100，Y 为 0，Z 为 0，按 Enter 键。这时绘图区中出现提示 指定第二点 ，在 Ribbon 工具栏中单击【水平线】按钮 ，在长度框 200.0 中输入 200，在图形区单击鼠标确认，完成水平中心线的绘制。

4)　绘制垂直中心线

在草图设计工具栏中选择 ，在绘图区中出现提示 指定第一点 ，在坐标设置栏上输入 X 为 0，Y 为-100，Z 为 0，按 Enter 键。这时绘图区中出现提示 指定第二点 ，在 Ribbon 工具栏中单击【垂直线】按钮 ，在长度框 200.0 中输入 200，单击鼠标确认，完成垂直中心线的绘制。效果如图 1-3 所示。

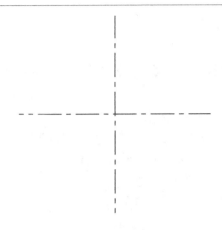

图 1-3　绘制垂直中心线

5)　设置线型及颜色

在状态栏线型框中设置线型为实线。在状态栏颜色块中选择。

6)　绘制椭圆

选择【构图】→【画椭圆】命令，出现【椭圆形选项】对话框，如图 1-4 所示。在绘图区选择圆心，输入长轴和短轴的值，单击确认按钮，绘制如图 1-5 所示椭圆。

图 1-4　【椭圆形选项】对话框

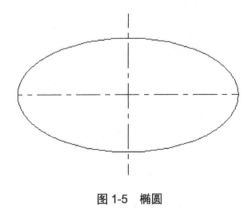

图 1-5　椭圆

2. 轮廓加工刀具路径生成

1) 机床设备选择

选择【机床类型】→【铣削】→【默认】命令，操作管理器显示设备类型等基本信息，如图1-6所示。

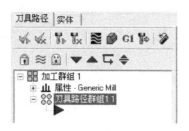

图1-6　操作管理器

2) 工件设置

① 从刀具路径管理器中选择【属性】下的【材料设置】选项，打开【工件设置】对话框。选择工件形状为圆柱体，单击 边界盒⑧ 按钮，弹出【边界盒选项】对话框，选择圆柱体的中心轴线方向为Z，如图1-7所示。单击确认按钮 ✓ ，返回【工件设置】对话框。

图1-7　【边界盒选项】对话框

② 单击 按钮返回绘图区，选择椭圆的中心为工件圆点，此时工件原点 X、Y、Z 坐标值自动变为 0、0、0。这样就确定了毛坯的工件原点在椭圆中心，如图 1-8 所示。

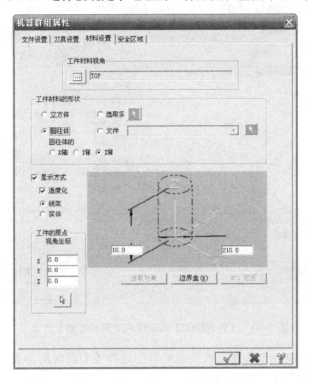

图 1-8 工件设置

3) 材料设置

从刀具路径管理器中选择【属性】下的【刀具设置】选项，弹出【刀具设置】选项卡，单击【选择】按钮，打开材料对话框，选择材料为 STEEL mm-S2-200 BHN，如图 1-9 所示，单击确认按钮 并返回【刀具设置】选项卡。

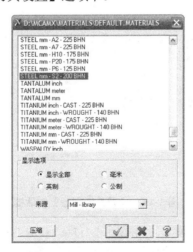

图 1-9 材料选择

4) 刀具管理

① 选择【刀具路径】→【外形铣削】命令，在绘图区选择模型，单击 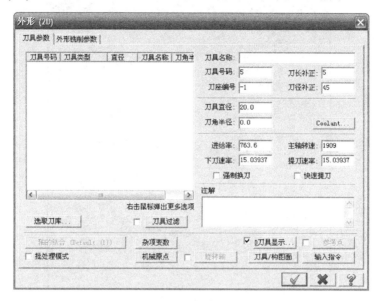 按钮。系统打开【外形(2D)】对话框，选择【刀具参数】选项卡，如图 1-10 所示。

图 1-10 【外形(2D)】对话框的【刀具参数】选项卡

② 在刀具列表中右击鼠标，从快捷菜单中选择【刀具管理器】命令，打开【刀具管理器】对话框，选择刀具为 Endmill1 Flat 12.0000mm，如图 1-11 所示。

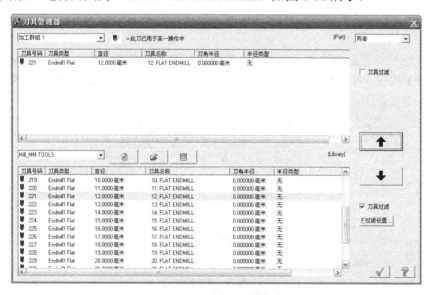

图 1-11 【刀具管理器】对话框

③ 返回【刀具参数】选项卡，出现所选刀具。双击刀具，打开【定义刀具】对话框，选择【参数】选项卡，输入【进给率】为 50，【下刀速率】为 10，【提刀速率】为 1000，【主轴转速】为 800，如图 1-12 所示，确定并返回【刀具参数】选项卡，所输入的参数已

自动输入到【刀具参数】选项卡的相应位置。

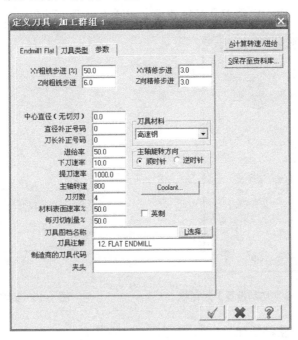

图 1-12　定义刀具参数

④　单击【外形铣削参数】标签，打开【外形铣削参数】选项卡，设定参数，如图 1-13 所示。

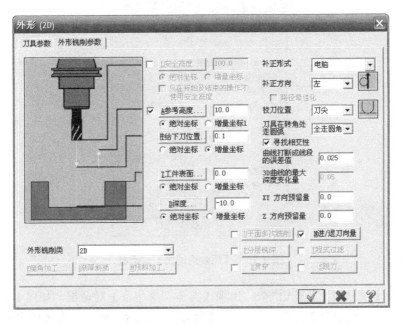

图 1-13　【外形铣削参数】选项卡

⑤　选择【平面多次铣削】复选框，单击【平面多次铣削】按钮，出现【XY 平面多次

切削设置】对话框，设定参数，如图 1-14 所示。

⑥ 单击 ✓ 按钮，出现刀具路径效果，如图 1-15 所示。

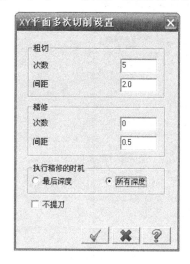

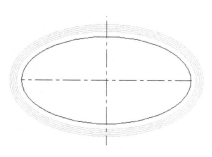

图 1-14　【XY 平面多次切削设置】对话框　　　　图 1-15　刀具路径效果

3. 轮廓加工刀具路径管理

(1) 单击 **G1** 按钮，出现【后处理程式】对话框，如图 1-16 所示，单击 ✓ 按钮，按提示输入文件名 T1.NCI 和 T1.NC，获得 NC 程序。

图 1-16　【后处理程式】对话框

(2) 单击【模拟加工】按钮 📦，出现【实体切削验证】对话框，如图 1-17 所示。

① 单击【参数设置】按钮 📤，出现【验证选项】对话框，单击【使用素材设定值】按钮，如图 1-18 所示。

图 1-17　【实体切削验证】对话框

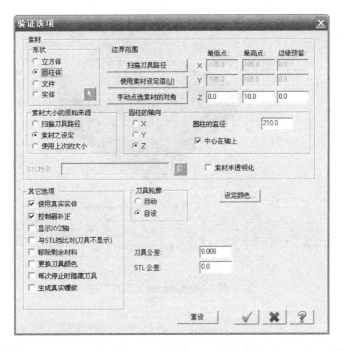

图 1-18　【验证选项】对话框

② 单击 ▶ 按钮，开始仿真加工，如图 1-19 所示。

图 1-19　仿真加工

1.1.4　知识总结——用户界面

Mastercam X 工作界面分为 6 大区域，分别是标题栏、菜单栏、工具栏、操作管理器、绘图区和状态栏，如图 1-20 所示。

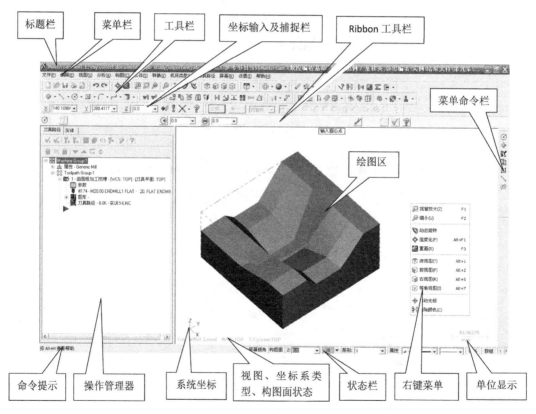

图 1-20　Mastercam X 工作界面

1. 标题栏

标题栏在 Mastercam X 工作界面的最上方，和其他 Windows 程序一样，不仅显示 Mastercam X 图标和 Mastercam X 名称，还显示了当前所使用的功能模块。

2. 菜单栏

在 Mastercam X 中，系统不像以前版本那样使用屏蔽菜单，而是给出了一个下拉菜单。菜单栏中包含了绝大多数 Mastercam 命令，按照功能的不同被放在不同的菜单中，主要包括文件、编辑、视图、分析、构图、实体、转换、机床类型、刀具路径、屏幕、设置、帮助。

3. 工具栏

工具栏是为了方便用户进行定制的，其目的是提高绘图效率，用鼠标单击这些图标按钮即可打开并执行相应的命令。当然，它和菜单栏一样，也是按功能进行划分的。如图 1-20 所示，它包括了绝大多数 Mastercam 命令，而且用户还可以根据自己的习惯来对工具栏进行定制。

另外，在 Mastercam X 中，还提供了一个 Ribbon 工具栏，用于设置所运行命令的各种参数。

4. 操作管理器

用户可以通过选择【视图】→【切换操作管理】命令来显示或隐藏该区域。该区域包括【刀具路径】和【实体】两个选项卡，分别对应对象的刀具路径和实体的各种信息及操作。

5. 绘图区

操作界面中最大的区域就是 Mastercam X 的绘图区，所有的图形都是绘制在绘图区上。在绘图区中，可以对图形进行缩放、平移等操作。

在绘图区的左下角显示 Gview(图形视角)、WCS(坐标系)、Cplane(构图平面)的设置信息等。

另外，在执行命令时，系统给出的提示也将显示在绘图区中。

6. 状态栏

状态栏在 Mastercam 最下栏，用于显示各种绘图状态。通过状态栏，可以设置构图平面、构图深度、图层、颜色、线型、线宽、坐标系等各种属性和参数，如图 1-21 所示。

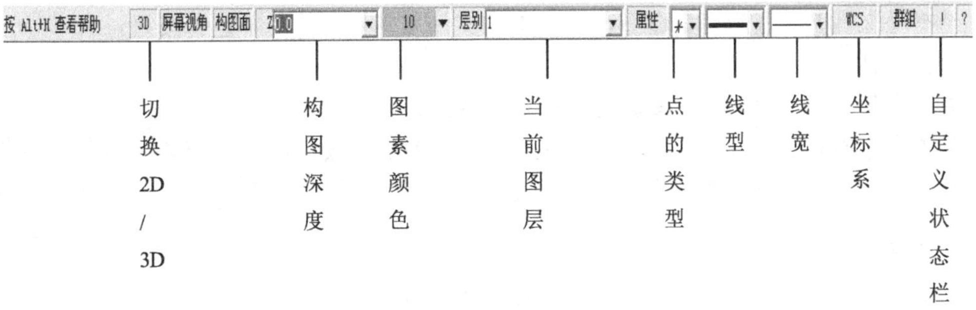

图 1-21　Mastercam 的状态栏

- 3D：用于切换 2D/3D 构图模式。在 2D 构图模式下，所有创建的图素都具有当前的构图深度(Z 深度)，且平行于当前构图平面，不过，用户可以在 AutoCursor 工具栏中指定 X、Y、Z 坐标，从而改变 Z 深度；而在 3D 构图模式下，用户可以不受构图深度和构图面的约束。

- 屏幕视角：单击该区域，将打开一个快捷菜单，用于选择、创建、设置视角。
- 构图面：单击该区域，将打开一个快捷菜单，用于选择、创建、设置构图平面。
- 20.0 ▼：设置构图深度(Z 深度)，单击该区域即可在绘图区选择一点，将其构图深度作为当前构图深度；用户也可在其右侧的文本框中直接输入数据，作为新的构图深度。
- 10 ▼：颜色块，单击该区域，将打开【颜色】对话框，用于设置当前颜色，此后所绘制的图形将使用这种颜色进行显示；用户也可以直接单击其右侧的向下箭头，然后在绘图区选择一种图素，将其颜色作为当前色。
- 层别 1 ▼：设置图层，单击该区域，将打开【层别管理】对话框，用于选择、创建、设置图层属性；也可以在其右侧的下拉列表中选择图层。
- 属性：属性设置，单击该区域将打开【特征】对话框，用于设置线型、颜色、点的类型、图层、线宽等图形属性。

* ▼：点的类型，通过下拉列表选择点的类型。

━━━ ▼：线型，通过下拉列表选择线型。

─── ▼：线宽，通过下拉列表选择线宽。

- WCS：工作坐标系，单件该区域打开一个快捷菜单，用于选择、创建、设置工作坐标系。
- 群组：单击该区域，将打开【群组管理器】对话框，用于选择、创建、设置群组。

1.1.5　知识总结——文件管理

Mastercam X 中的文件管理命令包括新建文件、打开文件、保存文件、合并文件、转换文件、查看文件属性等。文件管理是通过其【文件】菜单中的各项命令来实现的。

1. 新建文件

选择【文件】→【新建】命令，或者单击文件工具栏中的【新建】按钮 ⬜，即可新建一个空白文件。

如果在使用该命令时，绘图区有未存盘的数据，系统会提示是否保存该数据，如图 1-22 所示。可以单击【是(Y)】按钮保存未保存的数据或者单击【否(N)】按钮放弃保存数据。

2. 打开文件

在 Mastercam X 中，经常需要打开已存在的图形文件，以便查看或继续编辑。选择【文件】→【打开】命令，或者单击文件工具栏中的【打开】按钮 ↗，打开如图 1-23 所示的【打开】对话框。

图 1-22　系统提示

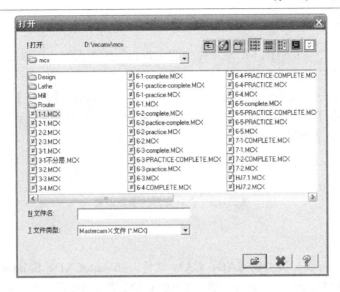

图 1-23　【打开】对话框

📑 **说明：**　在该对话框中，指定要打开文件所在的文件路径，然后选择【文件类型】，
找到相应的文件，单击【打开】按钮 🖆 。

3. 保存文件

选择【文件】→【保存】命令，或者单击文件工具栏中的【保存】按钮 🖫 ，即可按现
有的文件名进行保存。如果是首次保存文件，或者选择【文件】→【另存为】命令，系统
将打开如图 1-24 所示的【另存为】对话框。

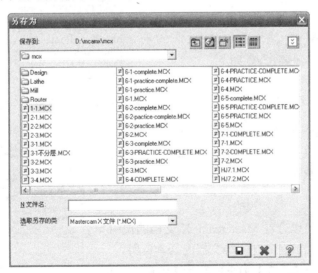

图 1-24　【另存为】对话框

💡 **注意：**　在编辑过程中，用户每隔一定的时间就应该对所做的工作进行保存。

4. 合并文件

当需要设计一个与已有的 MCX 文件中的图素相同的图素时，可以打开该 MCX 文件，将其图素合并到当前文件中。

选择【文件】→【文件合并】命令，打开如图 1-23 所示的【打开】对话框，选择要合并的文件后，单击【打开】按钮，即可将该 MCX 文件中的图素显示到当前文件中，同时 Ribbon 工具栏中显示如图 1-25 所示信息。

图 1-25　合并文件的参数设置

5. 转换文件

Mastercam X 可以与其他的 CAD、CAM 软件，如 AutoCAD、SolidWorks、Catia 等，进行数据交换，即 Mastercam 可以导入其他 CAD、CAM 软件的图形文件，也可以将 Mastercam 图形文件输出为其他 CAD、CAM 软件可以识别的文件格式。

选择【文件】→【输入目录】命令，打开如图 1-26 所示的【输入目录】对话框。

在【输入文件的类型】下拉列表中，可以选择要输入的文件类型。Mastercam 可以导入的 CAD、CAM 软件的文件格式如图 1-27 所示。

图 1-26　【输入目录】对话框

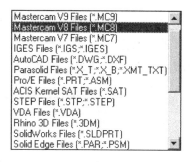

图 1-27　可以导入的 CAD、CAM 软件的文件格式

输出文件的操作与文件导入操作基本相同，选择【文件】→【输出文件】命令，打开【输出文件】对话框，设置相关参数即可。

6. 文件属性

【属性】命令可以查看 Mastercam X 文档的说明性文字，了解该文档的建立时间等文档的基本资料。

选择【文件】→【属性】命令，打开【图档属性】对话框，如图 1-28 所示。

图 1-28　【图档属性】对话框

1.2　Mastercam 环境设置

Mastercam X 提供了丰富的环境设置功能，具有图层管理、设置颜色、设置属性、改变图素的属性、设置图素的显示等功能。下面分别介绍这些功能的使用方法。

1.2.1　图层管理

图层是 Mastercam X 管理图素的一个主要工具。一个 Mastercam X 的模型可以包括线架、曲面、尺寸标注和刀具路径等图素。用户可以在不同的图层上绘制不同类型的图素，每个图素都有其对应的图层，在任何时候用户都可以通过图层方便地控制图素的选取及图素的显示等操作而且不影响其他图素。

在状态栏中单击【层别】按钮，即可打开【层别管理】对话框，如图 1-29 所示。

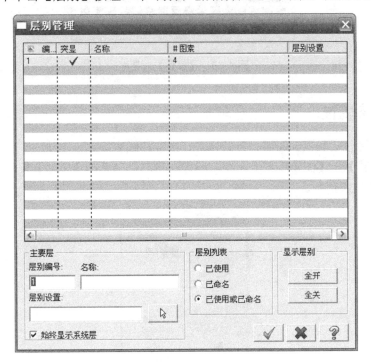

图 1-29　【层别管理】对话框

1.2.2　设置颜色

在 Mastercam X 的模型中，可以利用颜色来区分不同类型的图素，每一类图素都可设定为一种颜色。

在状态栏中，单击选择颜色色块 10 ，即可打开【颜色】对话框，如图 1-30 所示。

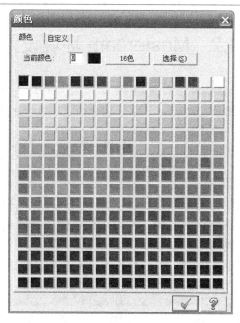

图 1-30　【颜色】对话框

1.2.3　设置属性

图素的属性包括颜色、图层、点的样式、线型和线宽等。

选择【屏幕】→【图素特征】命令，或者在状态栏中单击【属性】按钮，打开【特征】对话框，如图 1-31 所示。

图 1-31　【特征】对话框

1.2.4　改变图素的属性

1. 清除颜色

许多图形编辑命令(镜像、补正、旋转等转换命令)是将原有图素经过操作生成新的图素，为了和原来的图素进行区别，新生成的图素采用了不同的颜色来显示。为了恢复为和原有图素相同的颜色，可选择【清除颜色】命令，恢复这些对象的本来颜色。

选择【屏幕】→【清除颜色】命令，即可清除图素颜色。

2. 着色设置

Mastercam X 的三维模型不仅可以用线框显示，也可进行着色处理。可在着色工具栏中单击【着色】按钮对模型进行着色，【着色】按钮的下拉菜单中有【图形着色】、【含轮廓线的着色实体】和【图形着色设置】三种可选项。

选择【屏幕】→【图形着色设置】命令，打开【现彩设置】对话框，如图 1-32 所示，也可以通过【系统参数设置】对话框的【着色】选项卡进行着色设置。

图 1-32　【现彩设置】对话框

1.2.5 设置图素的显示

1. 设置隐藏

选择【屏幕】→【隐藏图素】命令，当系统提示"选择图素"时，选择图素并按 Enter 键，则被选的图素将被消隐。

选择【屏幕】→【恢复隐藏图素】命令，当系统提示"选择图素"时，选择图素并按 Enter 键，则被选的图素将重新显示出来。

2. 设置消隐

选择【屏幕】→【隐藏图素】命令，当系统提示"选择保持在屏幕上的图素"时，选择图素并按 Enter 键，则被选的图素将仍然显示在屏幕上，而其他元素将被隐藏。

选择【屏幕】→【回复部分】命令，当系统提示"选择保持在屏幕上的图素"时，选择图素并按 Enter 键，则被选的图素将重新显示出来。

本 章 小 结

本章对 Mastercam 进行了简介，主要包括 Mastercam X 软件的常识、界面及操作等基础内容。通过本章的学习，应熟悉 Mastercam X 软件的操作界面结构及使用方法，为以后各章节的学习奠定基础。

思考与习题

1. 选择题

(1) 下列(   )不是 Mastercam X 的组成模块。

    A. Mill   B. Design   C. Wire   D. Router

(2) Mastercam 是美国(   )公司推出的 CAD/CAM 产品。

    A. CNC Software   B. Altium

    C. PTC   D. Microsoft

(3) 在颜色设置中，Mastercam X 系统提供了(   )种默认颜色。

    A. 16   B. 128   C. 256   D. 1024

(4) 清除系统颜色，应该选择(   )菜单。

    A. 编辑   B. 视图   C. 屏幕   D. 设置

(5) 关于图层的说法，正确的是(   )。

    A. 图层包括颜色、线型等属性信息

    B. 图层不包含颜色信息，但包含线型信息

    C. 图层包含颜色信息，但不包含线型信息

    D. 图层既不包含颜色信息，也不包含线型、线宽信息

2. 思考题

(1) Mastercam X 的主要功能包括哪几方面?

(2) Mastercam X 与以往版本相比有什么新特点?

(3) Mastercam X 有哪几种退出方法?

3. 操作题

(1) 查看 Point(点的绘制)命令的使用方法。

(2) 练习几种 Mastercam X 的启动方法。

(3) 利用系统配置对话框,将绘图区颜色设置为蓝色,绘图颜色设置为黄色。

(4) 在绘图区中,进行屏幕统计。

(5) 在屏幕上显示栅格,其大小为 500,间距为 10。

(6) 练习图层设置,第一层为中心线,第二层为虚线,第三层为粗实线,第四层为点画线。

第2章 二 维 绘 图

Mastercam 中包含了多种二维绘图工具，可以用来绘制二维图形中最常用的几何图素，例如点、直线以及圆等。绘制二维图形时，首先使用基本绘图工具绘出草图，然后使用图形编辑工具对草图进行修整，直至获得最后的结果。

2.1 转子冲片设计

下面以转子冲片为例介绍 Mastercam X 中二维绘图基本命令的使用方法。

2.1.1 案例介绍及知识要点

利用直线、圆、镜像、旋转及修剪命令绘制如图 2-1 所示的几何图形。

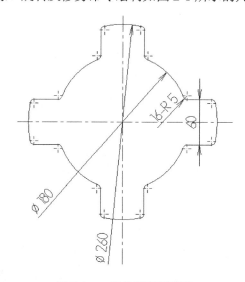

图 2-1　二维绘图实例图形

【知识要点】

● 各种基本二维绘图命令的使用方法。
● 图形的编辑与转换。

2.1.2 建模思路分析

本实例的关键是轮廓的四个凸起部分的绘制，因为轮廓为中心对称图形，所以可先绘制一个凸起部分的形状，然后采用旋转命令进行阵列，最后采用串连倒圆角命令对已绘制轮廓相交处进行整体倒圆角。

2.1.3　操作步骤

(1) 绘制中心线。在草图设计工具栏中单击【绘制任意线】按钮 ，系统提示 指定第一点 ，在坐标设置栏里分别输入第一点(-50，0，0)和第二点(50，0，0)作为中心线，同样地绘制端点为(0，50，0)和(0，-50，0)的直线，并把线型设为 。

(2) 单击草图绘图工具栏中的【圆心十点】按钮 ，系统提示选择圆心位置，在如图 2-2 所示的坐标系输入栏中输入圆心 X 的坐标 0，按 Enter 键确认；输入圆心 Y 的坐标 0，按 Enter 键确认；输入圆心 Z 的坐标 0，按 Enter 键确认；然后在操作栏输入圆直径 180，按 Enter 键确认；结果如图 2-3 所示，单击应用按钮 接受所产生的圆，并接着绘制另一个圆。

图 2-2　输入圆心坐标和直径

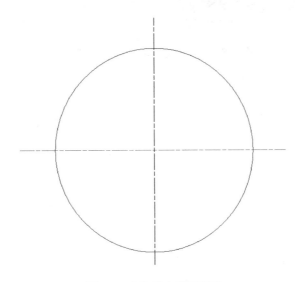

图 2-3　产生指定直径的圆

(3) 系统继续提示选择圆心位置，自动捕捉第一步中的圆心坐标，按 Enter 键确认；在操作栏输入圆直径 260，按 Enter 确认，结果如图 2-4 所示。单击确认按钮 接受所产生的圆，并结束绘圆命令。

(4) 单击绘图工具栏中的 按钮启用直线绘制命令，系统提示选择线段起点，在如图 2-5 所示的坐标系输入栏输入圆心 X 坐标 0，按 Enter 键确认；输入圆心 Y 坐标 30，按 Enter 键确认；输入圆心 Z 坐标 0，按 Enter 键确认；然后在操作栏输入圆直径 160，按 Enter 键确认，结果如图 2-6 所示，产生一条贯穿圆环的线段。单击确认按钮 ，结束直线的绘制。

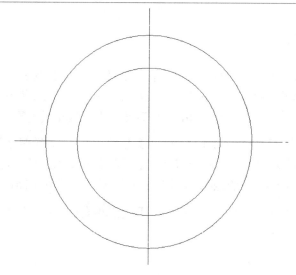

图 2-4　产生指定直径的圆

图 2-5　输入线段起始点坐标长度和角度

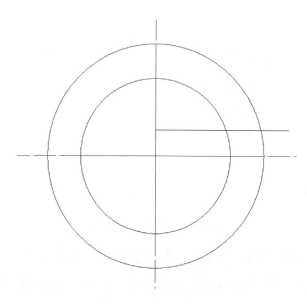

图 2-6　产生线段

(5) 单击转换工具栏中的 按钮，启用镜像命令，系统提示选择镜像对象，按 Enter
键确认后，系统弹出如图 2-7 所示的【镜像选项】对话框，设置复制选项为【复制】，轴线
设置 Y 为 0，即选择 X 轴为镜像轴线。结果如图 2-8 所示，单击确认按钮 结束镜像操作。

图 2-7　镜像参数选择

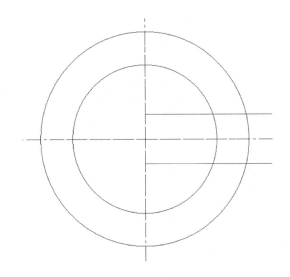

图 2-8　镜像结果

(6) 单击编辑工具栏中的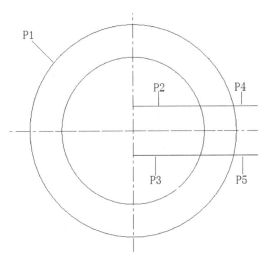按钮，启用修剪命令，在修剪/打断/延伸几何图形操作栏上单击 ┿┿ 按钮，逐一选择 P1～P5 处，如图 2-9 所示。结果如图 2-10 所示，单击确认按钮 ✔ 结束修剪操作。

图 2-9　选择修剪位置

(7) 单击转换工具栏中的 按钮，启用旋转命令，系统提示选择旋转对象，按 Enter 键确认后，系统弹出如图 2-11 所示【旋转选项】对话框，设置复制选项为【复制】，输入复制次数为 3，输入旋转角度 90，单击确认按钮 ✔ ，结果如图 2-12 所示。

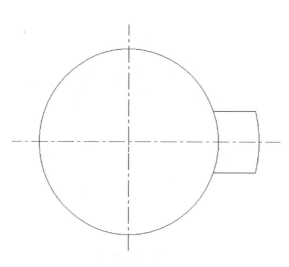

图 2-10　修剪结果

图 2-11　旋转参数设置

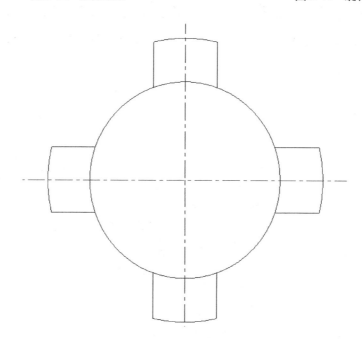

图 2-12　旋转结果

(8)　单击编辑工具栏中的 按钮，启用修剪命令，在修剪/打断/延伸几何图形操作栏上单击 按钮，逐一选择待修剪位置，结果如图 2-13 所示，单击确认按钮 结束修剪操作。

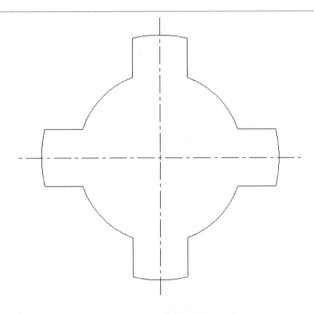

图 2-13　修剪结果

(9)　单击工具栏中的 串连图素(C) 按钮，启用串连倒圆角命令，系统弹出如图 2-14 所示的【串连选项】对话框，提示选择串连几何图形，选择如图 2-15 所示串连几何图形 P1，单击确认按钮 ；接着在如图 2-16 所示的圆角操作栏中输入圆角半径 5，按 Enter 键确认，单击确认按钮 ，结果如图 2-17 所示。

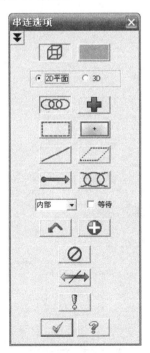

图 2-14　【串连选项】对话框

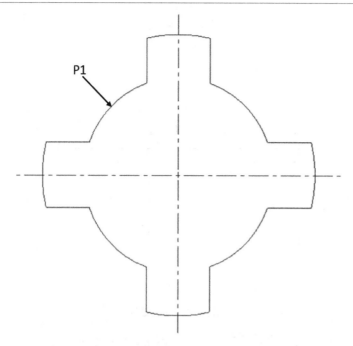

图 2-15   选择串连几何对象

图 2-16   输入倒圆角半径

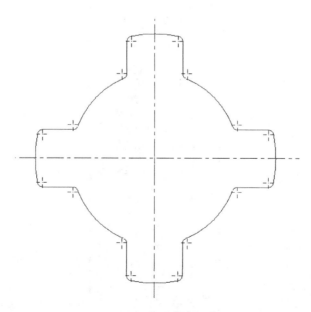

图 2-17   产生圆角

(10) 选择菜单栏中的【文件】→【保存】命令，以文件名"2-1"保存文件。

2.1.4　案例技巧点评

步骤(1)、(2)、(3)采用圆心直径的方法绘制出了两个同心圆；步骤(4)、(5)通过直线的镜像操作得到了两条与圆环相交的直线；步骤(6)采用修剪命令的分割物体功能对图形进行修剪；步骤(7)对单个凸起进行旋转阵列操作；步骤(8)也是采用修剪命令的分割物体功能对旋转阵列所得图形进行修剪；步骤(9)采用串连倒圆角命令对相交轮廓同时倒圆角；步骤(10)保存图形文件，以便后续使用。

2.1.5　知识总结

1．点的绘制方法

打开【构图】→【点】子菜单或单击草图设计工具栏中的 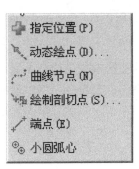 按钮，下拉菜单如图 2-18 所示，共有 6 个创建点的命令。

图 2-18　点的绘制方法

1)　指定位置

选择【构图】→【点】→【指定位置】命令，将出现 Ribbon 工具栏，如图 2-19 所示。

图 2-19　Ribbon 工具栏

2)　动态绘制

选择【构图】→【点】→【动态绘点】命令，将出现 Ribbon 工具栏，如图 2-20 所示。

图 2-20　Ribbon 工具栏

3)　节点绘制

选择【构图】→【点】→【曲线节点】命令，选择指定曲线后，系统会自动在曲线节点处生成点，如图 2-21 所示。

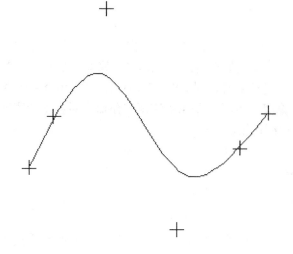

图 2-21　生成曲线节点

4)　绘制剖切点

在已有的图素上按给定距离或按给定数量均分图素，在分段处绘制点，如图 2-22 所示。选择【构图】→【点】→【绘制剖切点】命令，将出现 Ribbon 工具栏，如图 2-23 所示。

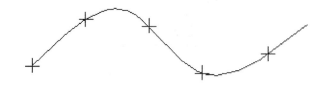

图 2-22　绘制等分点

图 2-23　Ribbon 工具栏

5)　端点绘制

选择【构图】→【点】→【端点】命令，系统会在用户选择的图素两端绘制点。

6)　小圆弧心绘制

选择【构图】→【点】→【小圆弧心】命令，绘制小于指定半径的圆或弧的圆心点。

2. 二维图素的编辑

在设计过程中，仅仅绘制基本的二维图素是远远不够的，只有通过对图素的各种编辑才能获得真正满意的图形。二维图形的编辑操作，集中在【编辑】和【转换】菜单项的子菜单中。其中修剪是最为常用的二维图素编辑功能，如图 2-24 所示为各种修剪选项对应的修剪结果。

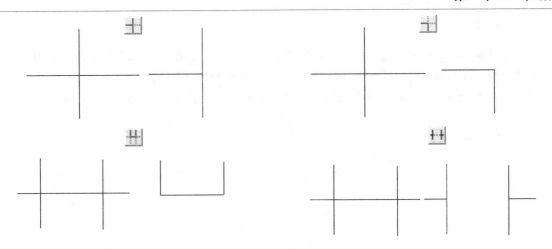

图 2-24 各种修剪操作

2.1.6 实战练习

利用圆、串连偏移、线、修剪及圆角命令绘制如图 2-25 所示的几何图形。

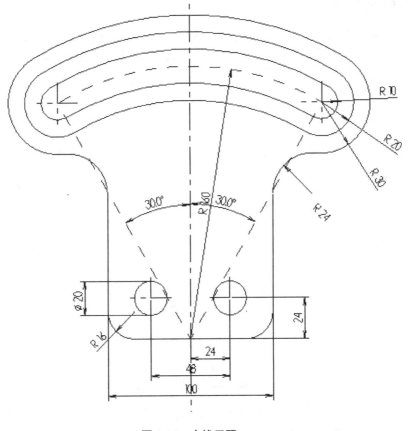

图 2-25 实战习题

【建模分析】

在绘制该零件的草图时，可以先绘制出零件的中心虚线圆，再绘制两条标注为 30°的极坐标线，以它们的交点绘制两个 R10 的圆，再绘制 R170 和 R150 的两个切圆，然后进行修剪和串连偏移。接着绘制下面的矩形和圆孔并倒圆角，绘图过程如图 2-26 所示。

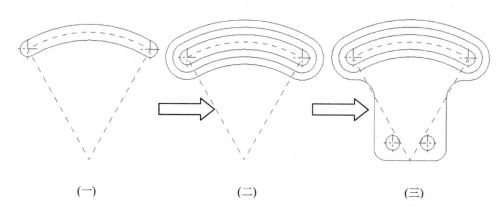

(一)　　　　　　　(二)　　　　　　　(三)

图 2-26　建模过程

【操作步骤提示】

(1) 以坐标(0，0，0)为中心点绘制 R160 的虚线圆，再绘制两条标注为 30°的极坐标线，以它们的交点绘制两个 R10 的圆，再绘制 R170 和 R150 的两个切圆，然后进行修剪，如图 2-27 所示。

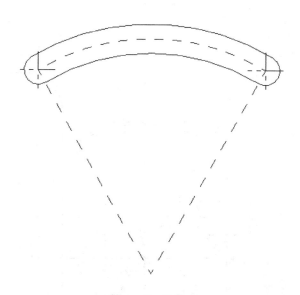

图 2-27　步骤(1)的结果

(2) 通过【转换】→【串连补正】命令选择上图中的封闭曲线，在【串连补正】对话框中进行如图 2-28 所示的设置，设置补正距离为 10，单击确认按钮 ，完成串连偏移操作。连续执行两次该命令后，得到如图 2-29 所示的图形。

图 2-28 【串连补正】对话框

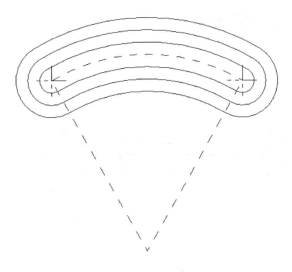

图 2-29 串连偏移结果

(3) 绘制下面的几何图形并倒圆角，结果如图 2-30 所示。

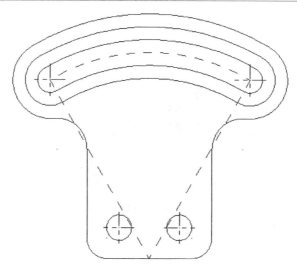

图 2-30　效果图

2.2　扳　手　设　计

本节以扳手为例介绍 Mastercam X 的各种二维绘图命令的使用方法，以及图形的编辑与转换、文字的图形处理。

2.2.1　案例介绍及知识要点

利用圆、多边形、平行线、倒圆角、修剪及绘制文字命令绘制如图 2-31 所示的几何图形。

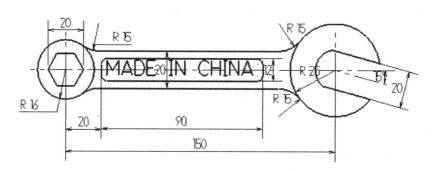

图 2-31　二维绘图实例图形

【知识要点】

- 各种基本二维绘图命令的使用方法。
- 图形的编辑与转换。
- 文字图形。

2.2.2　建模思路分析

绘图的关键是扳手的头部和尾部形状，因此可以先绘出扳手中心线和前后两个定位圆，再绘制扳手尾部多边形，之后绘出手柄部分的草图，再通过修剪命令得到扳手的基本形状。最后对部分轮廓相交处进行整体倒圆角。

2.2.3　操作步骤

(1) 单击 按钮，创建一个新的绘图文件，在状态栏的 屏幕视角 中选取【俯视(T)(WCS)】，在状态栏的 构图面 中选取【俯视图(T)(WCS)】，从而构造出构图平面。

(2) 制作中心线。在状态栏线型框 中设置线型为中心线。在草图工具栏中单击【绘直线】按钮 ，在坐标设置栏里分别输入(-20，0，0)和(160，0，0)，按 Enter 键作直线 L1，在坐标设置栏里分别输入(0，-20，0)和(0，20，0)，按 Enter 键作直线 L2，在坐标设置栏里分别输入(150，-20，0)和(150，20，0)，按 Enter 键作直线 L3，如图 2-32 所示。

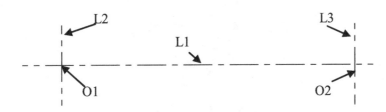

图 2-32　中心线

(3) 制作定位偏置线。在草图工具栏中单击【绘直线】按钮 ，捕捉如图 2-32 所示的 O2 点为第一点，在 Ribbon 工具栏中的相对长度 文本框中输入长度为 30，在其相对角度 文本框中输入角度为-15 度，按 Enter 键。按 Esc 键结束操作，如图 2-33 所示。

图 2-33　定位偏置线

(4) 绘圆。在状态栏线型框 中设置线型为实线 ，在线宽框 中设为第二种线宽。在草图设计工具栏中单击【绘圆】按钮 ，捕捉如图 2-33 所示的 O1，以半径 16 绘圆。同样地捕捉 O2 圆心，分别以半径 11 和半径 25 绘圆。按 Esc 键结束操作，如图 2-34 所示。

图 2-34 绘圆

(5) 绘多边形。在草图设计工具栏中单击【绘多边形】按钮 ⬠ ，系统提示"选取基准点位置"，捕捉如图 2-34 所示的 O1 点为基准点，系统打开【多边形选项】对话框，在多边形边数设置 # 文本框中输入多边形边数为 6，在圆的半径设置 ⊘ 文本框中输入圆的半径为 10.0，单击确认按钮 ✓ 结束操作，如图 2-35 所示。结果如图 2-36 所示。

图 2-35 绘多边形选项

图 2-36 绘多边形

(6) 绘变态矩形。在草图设计工具栏中单击【变态矩形】按钮 ，系统打开【矩形形状选项】对话框，选择【基准点】单选按钮，系统提示"选取基准点位置"，在坐标设置栏中输入 X、Y 、Z 值为(65，0，0)，并在对话框中设置锚点为中心点，在矩形长度 文本框中输入 90.0，在矩形高度 文本框中输入 12.0，在圆角半径 文本框中输入 3.0。单击确认按钮 ✓ 结束操作，如图 2-37 所示。结果如图 2-38 所示。

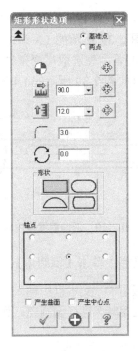

图 2-37 【矩形形状选项】对话框

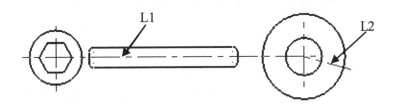

图 2-38　绘制变态矩形

(7)　绘平行线。在草图设计工具栏中单击【平行线】按钮 ，系统提示"选取一直线"，选择如图 2-38 所示的直线 L1，在 Ribbon 工具栏的距离设置 文本框中输入平行距离为 10，系统提示"指定补正方向"，在直线 L1 的一侧单击，即可完成一条平行直线的绘制。然后在 Ribbon 工具栏中单击【方向切换】按钮 ，更改为双向，这时直线 L1 两侧均绘制了平行线。同样地绘制 L2 的平行线，平行距离为 10。按 Esc 键退出操作，效果如图 2-39 所示。

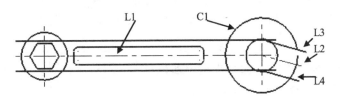

图 2-39　绘制平行线

(8) 延伸偏置定位线的平行线。在修剪工具栏中单击【修剪】按钮 ，系统提示"选取图素去修剪或延伸"，选择如图 2-39 所示的 L3 后，系统提示"选取修剪或延伸到的图素"，选择圆 C1。这里需要注意的是，先选取需要延伸的那端，然后在需要延伸到的地方选取需要修剪到的图素。同样地对如图 2-39 所示的 L4 进行延伸，如图 2-40 所示。

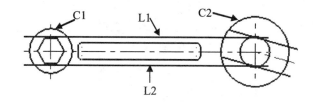

图 2-40　延伸偏置定位线

(9) 倒圆角。在草图设计工具栏中单击【倒圆角】按钮 ，选择如图 2-40 所示的 C1 和 L1，在 Ribbon 工具栏半径设置 文本框中输入 15，并单击【不修剪】按钮 。同样地，对 C2 和 L1、C1 和 L2、C2 和 L2 进行倒圆角，如图 2-41 所示。

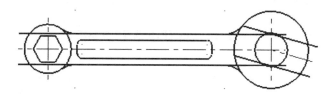

图 2-41　倒圆角

(10) 修剪。在修剪工具栏中单击【修剪】按钮 ，对如图 2-41 所示的图形进行修剪。修剪效果如图 2-42 所示。

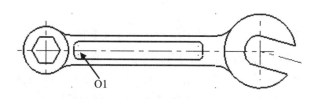

图 2-42　修剪

(11) 绘制文字。在草图设计工具栏中单击【绘制文字】按钮 ，打开【绘制文字】对话框，在【文字内容】列表框中输入 MADE IN CHINA，【排列方式】为水平方式，文字【高度】为 8，文字【间距】为 1.6，单击确认按钮 后，系统提示"输入文字的起点位置"，在如图 2-42 所示的变态矩形中捕捉点 O1 为起点位置。按 Esc 键退出操作，如图 2-43 所示。结果如图 2-44 所示。

图 2-43 【绘制文字】对话框

图 2-44 绘制文字

(12) 选择菜单栏中的【文件】→【保存】命令，以文件名 "2-3" 保存文件。

2.2.4 案例技巧点评

步骤(1)构造出了构图平面；步骤(2)、(3)绘制了定位中心线和定位偏置线；步骤(4)、(5)利用了绘圆和多边形命令；步骤(6)绘制了变态矩形，需要注意矩形圆角半径和锚点的设置；之后依次绘平行线、倒圆角、修剪，最后绘制文字。

2.2.5 知识总结

文字在 Mastercam 中也是按照图形来处理的，这与尺寸标注中的文字不同。选择【构图】→【绘制文字】命令，将弹出对话框，用于指定文字的内容和格式。

2.2.6 实战练习

利用矩形、圆、转移、修剪、倒圆角命令以及镜像命令绘制如图 2-45 所示的几何图形。

【建模分析】

先绘制该零件的下半部分图形，包括两个矩形和两组同心圆，然后进行修剪并倒圆角来完成下半部分图形的绘制，最后对已完成的图像进行镜像操作，如图 2-46 所示。

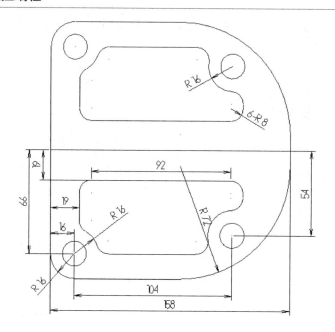

图 2-45　实战习题

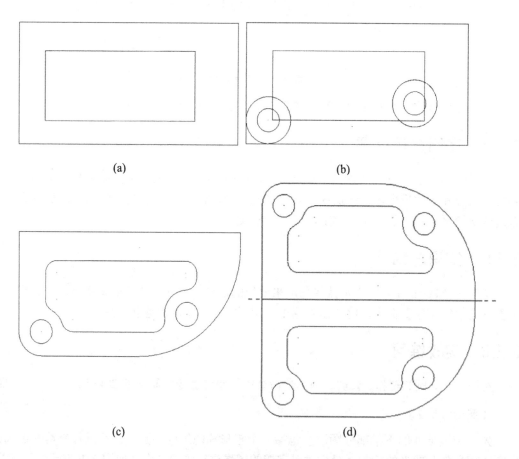

(a)

(b)

(c)

(d)

图 2-46　建模过程

【操作步骤提示】

(1) 利用矩形命令绘制两个矩形，如图 2-47 所示。

图 2-47　步骤(1)的结果

(2) 利用圆命令绘制两个圆，然后利用转移命令复制这两个同心圆，如图 2-48 所示。

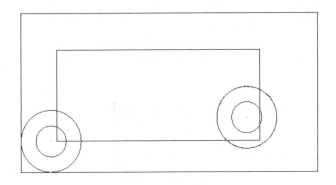

图 2-48　步骤(2)的结果

(3) 修剪几何图形并倒圆角，结果如图 2-49 所示。

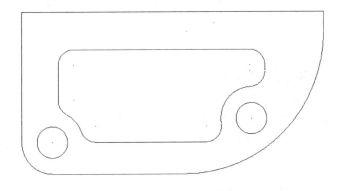

图 2-49　步骤(3)的结果

(4) 镜像几何图形，结果如图 2-50 所示。

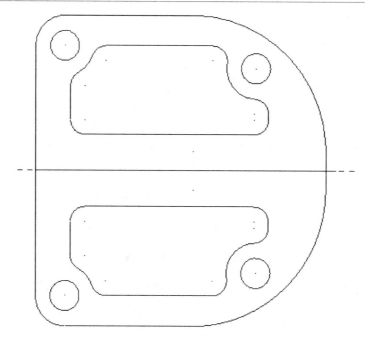

图 2-50 效果图

本 章 小 结

本章通过转子冲片和扳手两种典型零件的绘制建模，学习 Mastercam X 中二维图形绘制的直线、圆、镜像、旋转、修剪、多边形、平行线、倒圆角等命令以及图形的编辑与转换、文字在 Mastercam X 中的处理。

思考与习题

1. 选择题

(1) 在 Mastercam X 中，文字的排列方式有(　　)种。

    A. 1　　　　　　　B. 2　　　　　　　C. 3　　　　　　　D. 4

(2) 在 Mastercam X 中，可以自动捕捉(　　)的中心点。

    A. 矩形　　　　　　B. 椭圆　　　　　　C. 圆　　　　　　　D. 正多边形

2. 思考题

(1) Mastercam X 有几种构建点的方法？

(2) Mastercam X 有几种构建线的方法？

(3) 如何构建圆弧和圆？如何用极坐标构建圆？如何选择倒圆角的参数？

(4) 字体有哪几种排列方式？

(5) 如何绘制盘旋线？

3. 操作题

(1) 绘制如图 2-51 所示的图形。

(2) 绘制如图 2-52 所示的图形。

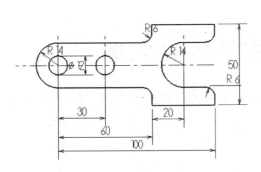

图 2-51　拨叉

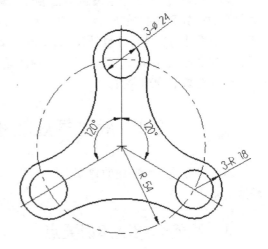

图 2-52　三星轮

第3章 三维绘图

Mastercam X 中三维绘图包括三维线架构、三维曲面和实体造型。三维线架构是用来定义曲面的边界和曲面横断面特征的一系列几何图素的总称，形象地说线架构就是曲面的骨架。曲面设计与实体设计也是 Mastercam X 系统设计部分的核心内容，Mastercam X 提供了更强大的曲面设计和实体设计功能，曲面设计柔韧性强、更具有可塑性，实体设计更容易获得设计对象的物理参数。

3.1 液化气灶旋钮的三维线架构绘制

本节以液化气灶旋钮的建模为例介绍 Mastercam X 中用三维线型框架描述三维对象的轮廓的基本方法。

3.1.1 案例介绍及知识要点

利用极坐标绘线、三点圆弧等命令在不同的绘图面上绘制液化气灶旋钮三维线架构，如图 3-1 所示。

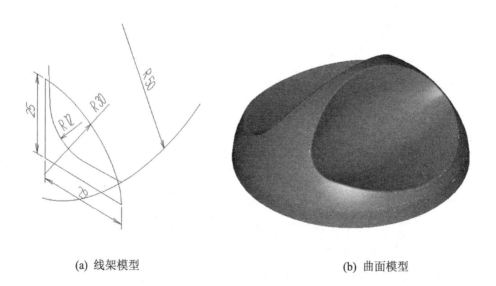

(a) 线架模型　　　　　　　　　　　(b) 曲面模型

图 3-1　绘制液化气灶旋钮三维线架构及曲面模型

【知识要点】

● 三维绘图的基础知识。
● 设置构图面、视角及构图深度。
● 扫描曲面。

3.1.2 建模思路分析

首先把线架构模型分为前视图面和侧视图面两部分。第 1 大步运用绘制直线、圆弧以及倒圆角命令构建前视图，得到的封闭曲线为旋转截面；第 2 大步运用三点圆弧命令构建侧视图，得到扫描曲面的截面形状。

3.1.3 操作步骤

(1) 单击工具栏中的 设置位面到前视角相对于你的 WCS 按钮，构建前视图，深度为 0。

① 单击工具栏中的【绘直线】按钮 ，用极坐标绘线，起点为原点，角度 90 度，长 25，得到直线 P1，如图 3-2 所示。

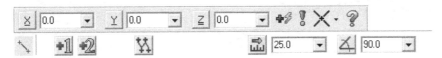

图 3-2 极坐标绘直线

② 单击工具栏中的【绘直线】按钮 ，用极坐标绘线，起点为原点，角度 0 度，长 29，得到直线 P2，如图 3-3、图 3-4 所示。

图 3-3 极坐标绘直线

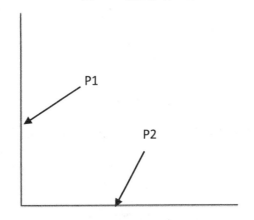

图 3-4 绘制的直线

③ 单击工具栏中的【绘直线】按钮 ，捕捉直线 P2 的右端点为起点，角度 96，长度 4，得到直线 P3，如图 3-5 所示。

图 3-5　输入直线长度与角度

④　单击工具栏中的【两点画弧】按钮 $^{+++}$ 两点画弧(d)，捕捉直线 P1 的上端点和直线 P3 的上端点两点绘弧，半径 30，保留上部圆弧，如图 3-6、图 3-7 所示。

图 3-6　输入两点圆弧的半径

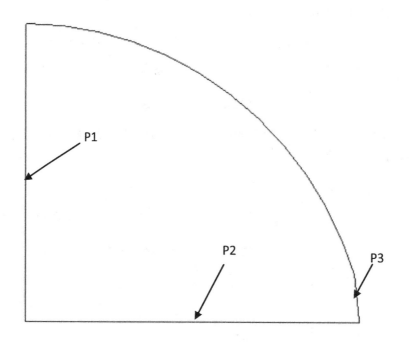

图 3-7　绘制的圆弧

⑤　单击工具栏中的【倒圆角】按钮 ，在圆弧与线 P3 的交点处倒圆角，半径为 6，如图 3-8 所示。

图 3-8　输入倒圆角半径

⑥　单击工具栏中的【绘直线】按钮 ，用极坐标绘线，起点为(1.3，30)，角度 272.6，长 28，得直线 P4，如图 3-9 所示。

⑦　单击工具栏中的【绘直线】按钮 ，用极坐标绘线，起点为(29，7)，角度 182.7，长 28，得直线 P5，如图 3-10 所示。

图 3-9   输入线长和角度

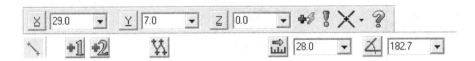

图 3-10   输入线长和角度

⑧   单击工具栏中的【倒圆角】按钮 ，在直线 P4 与直线 P5 之间倒圆角，半径为 12，如图 3-11、图 3-12 所示。

图 3-11   输入圆角半径

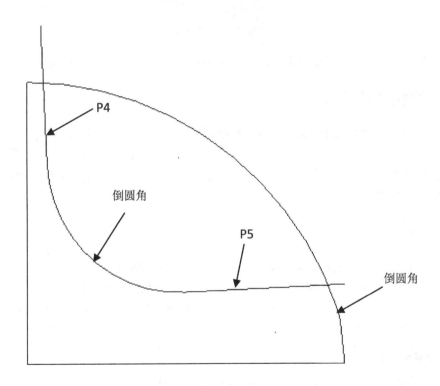

图 3-12   倒圆角的绘制结果

(2)   单击工具栏中的 设置位面到右视角相对于你的 WCS 按钮，构建侧视图，深度为 29。

单击工具栏中的【3 点画弧】按钮 3 点画弧(3) ，依次输入三点的坐标(-30，17)、(0，7)、(30，17)，得曲线 6，如图 3-13 所示。

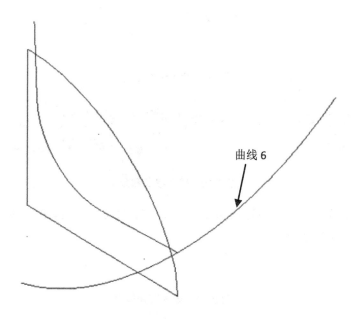

曲线 6

图 3-13　生成曲线 6

(3)　选择菜单栏中的【文件】→【保存】命令，以文件名"3-1"保存文件。

3.1.4　案例技巧点评

第 1 大步运用了绘制直线、圆弧以及倒圆角命令构建了前视图，得到的封闭曲线为旋转曲面的旋转截面，直线 P3、直线 P4 及倒圆角为扫描曲面引导线；第 2 大步运用 3 点圆弧命令构建了侧视图，得到曲线 6，即扫描曲面的截面形状。读者应该重点体会如何正确设置构图面和选择视图。

3.1.5　知识总结

线架模型用来描述三维对象的轮廓及断面特征，它主要由点、直线、曲线等组成，不具有面和体的特征，不能进行消隐、渲染等操作。在设计线架构模型前，需要掌握 Mastercam 中三维绘图的基本知识，主要包括设置构图面、视角及构图深度。视角和构图面在 Mastercam 绘图区的左下角的当前作图环境中显示。

1. 设置构图面

在绘制几何图形之前，必须先指定构图平面。构图平面用于定义平面的方向，几何图形就是要绘制在所定义的平面上。在其工具栏中给出了 4 个常用的按钮，即俯视、前视、右视和等视角构图。当然，也可以在状态栏中单击 构图面 图标，打开如图 3-14 所示的菜单，选择相应的构图面。

2. 设定视角

可以通过不同的视角来观察所绘制的三维图形，随时查看绘图效果，以便及时进行修改和调整。在状态栏中单击 屏幕视角 图标，打开如图 3-15 所示的菜单，它提供了围绕几何图形自由旋转观察点的图形视角定义方法，但图形视角的定义必须与构图平面和工作平面相匹配。

图 3-14　【构图面】下拉菜单　　　　　图 3-15　【屏幕视角】下拉菜单

3. 构图深度

构图深度所表示的含义为当前所绘制的几何图素距当前基准构图面的垂直距离，在 Mastercam 中均用 Z 表示。这里的 Z 并不代表 Z 坐标，而是垂直距离的概念。只有当视角平面和构图平面相同时，构图深度才相当于 Z 坐标系。在状态栏的文本框 中可以定义构图平面的深度。

3.1.6　实战练习

利用基本二维绘图命令在不同的绘图截面上绘制如图 3-16 所示的电动刮胡刀的线架构模型。

【建模分析】

运用第 2 章中介绍的基本绘图命令，先在顶视图平面上绘制电动刮胡刀的俯视图，如图 3-16 所示；然后切换构图面到前视图，完成前视图的绘制；最后绘制几条连续的空间直线，电动刮胡刀的最终线架构模型如图 3-17 所示。

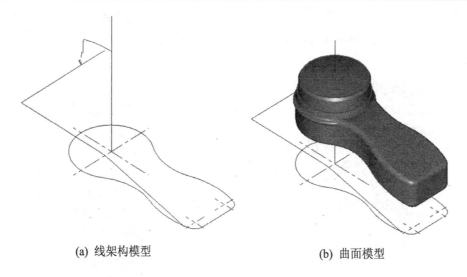

(a) 线架构模型　　　　　　　　　(b) 曲面模型

图 3-16　电动刮胡刀的线架构及曲面模型

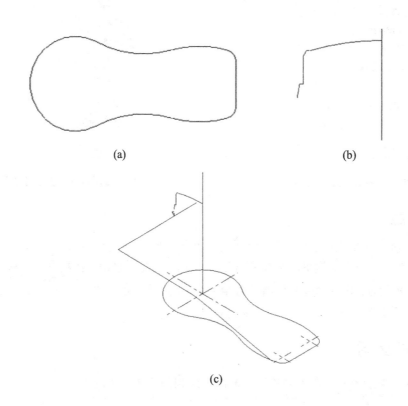

图 3-17　建模过程

【操作步骤提示】

(1)　俯视图，图层 1，深度为 0；

绘中心线，以原点为圆心绘制两条中心线；

绘制圆，圆心在原点，直径为 50；

绘制圆，圆心在点(68，-36)，直径为 112；

绘制两圆的切弧，取上半部分，半径为 58；

极坐标绘制直线，起点(88，-20)，角度 90，长度 40；

修剪后得图 3-18。

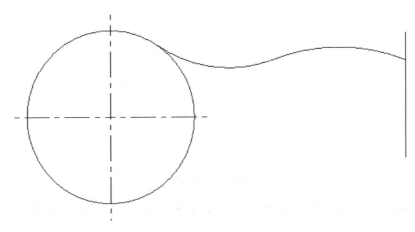

图 3-18　修剪后的图

绕 X 轴镜像，并倒圆角，半径为 6，修剪并添加中心线后如图 3-19 所示。

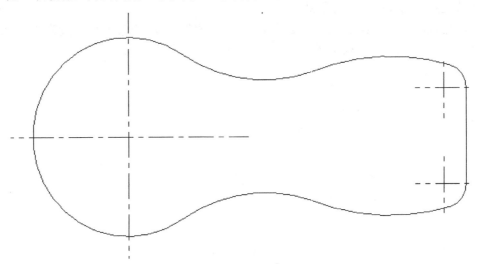

图 3-19　镜像并倒角后的图

(2)　前视图，图层 2，深度为 0；

极坐标绘线，起点为原点，角度 90 度，长度 90(直线 1)；

极坐标绘线，起点为(-25，50)，角度 80 度，长度 4；

以刚绘好的线上端点为起点，角度为 0 度，长度为 1；

以刚绘好的线右端点为起点，角度为 90 度，长度为 8；

以刚绘好的线上端点为起点，角度为 60 度，长度为 2；

以刚绘好的线上端点为起点，角度为 0 度，长度为 1；

将左边图形绕直线 1 进行镜像；

两点绘弧，半径为 78，保留上部逆弧；

修剪后删除右边部分，得图 3-20。

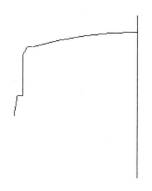

图 3-20　前视图

绘制圆弧，极坐标，圆心在(-25，48.5)，半径为 1.5，起始角度为 90，终止角度为 270 度；

深度调整到 35，极坐标绘线，起点(-40，30)，角度为 0 度，长度为 69(直线 2)；

极坐标绘线，以刚绘好的线的右端点为起点，角度为 348，长度为 69(直线 3)；

两线交点处倒圆角，半径为 38。

(3)　俯视图，图层 2，捕捉直线 2 的左端点，极坐标绘线，角度 90，长度为 70(直线 4)。

(4)　最终线框图如图 3-21 所示。

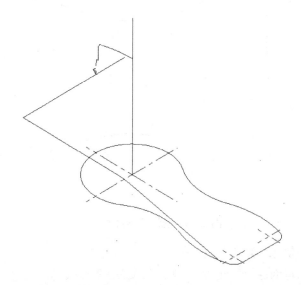

图 3-21　最终线框图

3.2 液化气灶旋钮的三维曲面绘制

本节以液化气灶旋钮介绍 Mastercam X 中三维曲面模型的绘制方法。

3.2.1 案例介绍及知识要点

利用旋转曲面、扫描曲面、曲面倒圆角、曲面镜像及曲面修剪命令对液化气灶旋钮三维线架构文件"3-1.MCX"进行曲面设计。如图 3-22 所示，左边为液化气灶旋钮三维线架构模型，右边为液化气灶旋钮的三维曲面模型。

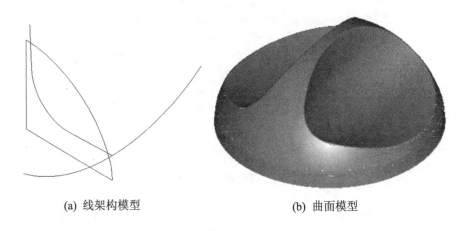

(a) 线架构模型　　　　　　　　　　(b) 曲面模型

图 3-22　液化气灶旋钮的三维曲面模型

【知识要点】

● 旋转曲面。
● 扫描曲面。
● 曲面倒圆角。
● 曲面镜像及曲面修剪。

3.2.2 建模思路分析

首先把线构架模型前视图面中的封闭曲面进行旋转，得到旋钮的基本形状；然后把线构架模型的侧视图面中扫描曲面的截面形状沿指定路径扫描，得到扫描曲面；再在俯视图中对扫描曲面进行镜像；最后在旋转曲面与扫描曲面间倒圆角，选择合适的法线方向，修剪后得到旋钮的曲面模型。

3.2.3 操作步骤

(1) 选择菜单栏中的【文件】→【打开】命令，打开保存的线架构文件"3-1.MCX"，如图 3-22(a)所示。

(2) 在状态栏的【层别】按钮上单击鼠标左键,打开【层别管理】对话框,新建图层 2,单击确认按钮 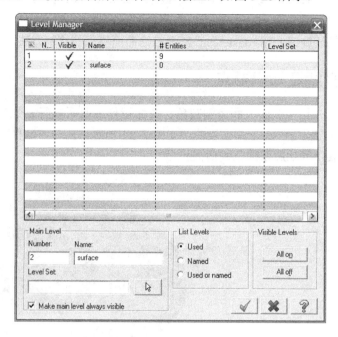,以使所绘制的曲面在第 2 层上,如图 3-23 所示。

图 3-23   【层别管理】对话框

(3) 单击工具栏中的【旋转曲面】按钮 ,弹出如图 3-24(a)所示的【串连选项】对话框,单击单体选择按钮,选取如图 3-24(b)所示的旋转轮廓线,单击确认按钮 完成选取。

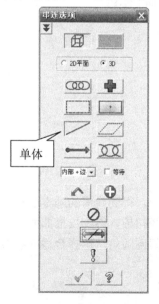

(a)【串连选项】对话框

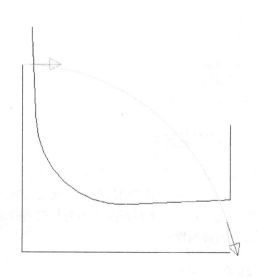

(b) 被选中的曲线

图 3-24   选择旋转截面轮廓线

(4)　系统继续选择旋转轴线，选中如图 3-25(a)所示的线段作为旋转中心轴，单击确认按钮 ，得到曲面 1，结果如图 3-25(b)所示。

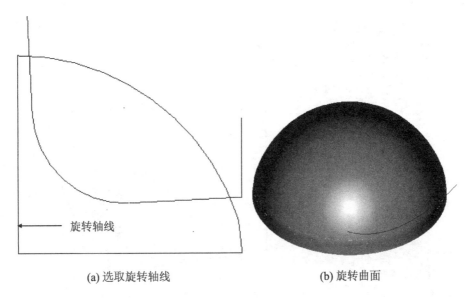

旋转轴线

(a) 选取旋转轴线　　　　　　　　　(b) 旋转曲面

图 3-25　生成曲面 1

(5)　单击工具栏中的【扫描曲面】按钮 ，弹出如图 3-26(a)所示的【串连选项】对话框，单击【单体选择】按钮，选取如图 3-26(b)所示的扫描轮廓线，单击确认按钮 完成选取。

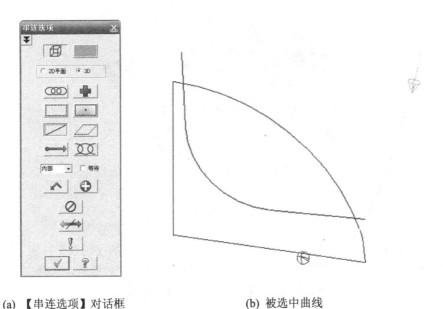

(a)　【串连选项】对话框　　　　　　(b)　被选中曲线

图 3-26　选取扫描轮廓线

(6) 系统继续弹出【串连选项】对话框，单击【串连选择】按钮，如图 3-27(a)所示。

选取如图 3-27(b)所示的扫描引导方向外形，单击确认按钮 ✔，得到曲面 2，结果如图 3-28 所示。

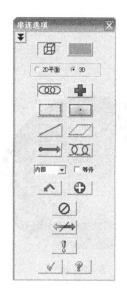　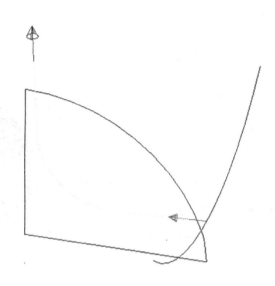

(a) 【串连选项】对话框　　　　　　　　(b) 被选中曲线

图 3-27　选取扫描引导方向曲线

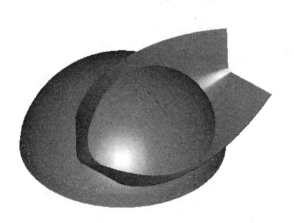

图 3-28　生成曲面 2

(7) 单击工具栏中的 ⬡ 按钮，进入俯视图。单击工具栏中的【镜像】按钮 ⬛，选择曲面 2 后按 Enter 键，系统弹出如图 3-29(a)所示的【镜像选项】对话框，选择 X 轴为对称轴线，单击确认按钮 ✔，得到曲面 3，结果如图 3-29(b)所示。

(8) 单击工具栏中的 ◇ 按钮，对面与面进行倒圆角。鼠标左键单击曲面 1，按 Enter 键完成第一组曲面的选择，继续用鼠标单击曲面 2、曲面 3，按 Enter 键完成第二组曲面的选择，系统弹出如图 3-30(a)所示的【两曲面倒圆角】对话框，设置圆角半径，调整法线方向，并选择修剪方式，单击确认按钮 ✓ ，结果如图 3-30(b)所示。

(a)【镜像选项】对话框

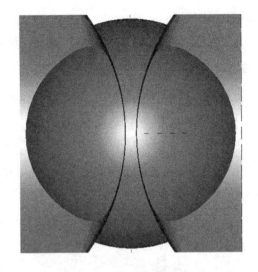

(b) 生成曲面 3

图 3-29　生成镜像曲面

(a)【两曲面倒圆角】对话框

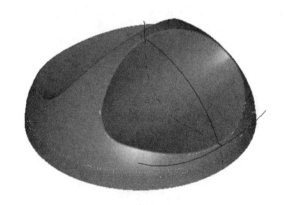

(b) 曲面 1 与曲面 2、曲面 3 倒圆角

图 3-30　倒圆角

3.2.4　案例技巧点评

第(3)和第(4)个步骤要求选择合适的串连选择方式来确定旋转曲面的旋转轮廓和旋转轴线；第(5)和第(6)个步骤要求选择合适的串连选择方式来确定扫描曲面的扫描界面形状和扫描引导线；第(7)步介绍了曲面镜像功能的使用；第(8)步介绍了面与面倒圆角功能，需要特别注意曲面法线方向对倒圆角的影响。

3.2.5 知识总结

曲面模型用来描述曲面的形状，一般是将线架模型经过进一步处理得到的。曲面模型不仅可以显示出曲面的轮廓，而且可以显示出曲面的真实形状。

1. 创建直纹/举升曲面

选择【构图】→【绘制曲面】→【直纹/举升曲面】命令或单击曲面构建工具栏中的【直纹/举升曲面】按钮 ≣，打开【串连选项】对话框，同时系统提示 举升曲面:定义 外形 1，选取串连的线形，接着提示 举升曲面:定义 外形 2，选取串连的线形，在【串连选项】对话框中单击确认按钮 ✓ ，系统自动计算出一个曲面。在生成曲面的同时，在 Ribbon 工具栏中的按钮显示如图 3-31 所示。

图 3-31　直纹/举升曲面的 Ribbon 工具栏

在系统默认的情况下，绘制的曲面为举升曲面。如果需要转换为直纹曲面，可以单击如图 3-31 所示 Ribbon 工具栏中的【直纹】按钮。图 3-32(a)所示为三个圆形截面构成的直纹曲面，如图 3-32(b)所示为三个圆形截面构成的举升曲面。

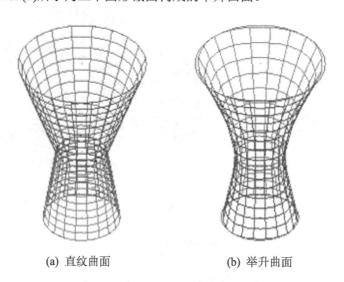

(a) 直纹曲面　　　　　　　　　　(b) 举升曲面

图 3-32　直纹曲面和举升曲面的效果显示

另外，在选取曲线或曲线串连时需注意以下几点：所有曲线或曲线串连的起始点都应对齐，否则生成的曲面为扭曲曲面；曲线或曲线串连的方向也应相同，否则生成的曲面也为扭曲曲面；串连选取次序不同，所生成的举升曲面也不同。

2. 创建旋转曲面

旋转曲面只需先绘出母线，然后指定旋转中心轴线，根据旋转轴的旋转而生成的一种曲面。

选择【构图】→【绘制曲面】→【旋转曲面】命令或单击曲面构建工具栏中的【旋转曲面】按钮 Ⓝ，打开【串连选项】对话框，同时绘图区系统提示 选取轮廓曲线 1，选取轮廓母线，系统接着提示选取轮廓母线，如果需要继续选取，不需要继续选取时单击确认按钮 ✓ 退出【串连选项】对话框；系统提示 选取旋转轴，选取旋转轴，计算机自动生成曲面。如果需要修改其旋转轴或母线轮廓时，可使用如图 3-33 所示的 Ribbon 工具栏进行修改。

外形　中心轴　切换　起始角度　终止角度　应用　确认　帮助

图 3-33　旋转曲面的 Ribbon 工具栏

3. 创建扫描曲面

扫描曲面是将截形顺着一个轨迹线扫描而形成的曲面。截形和轨迹线都可以是封闭的，也可以是开放的。按照截形和轨迹线的数量，其创建扫描曲面有两种：一种是截形为多条，而引导方向线只有一条；另外一种是引导方向线有两条，而截形可以为一条或多条。

选择【构图】→【绘制曲面】→【扫描曲面】命令或单击曲面构建工具栏中的【扫描曲面】按钮 Ⓐ，打开【串连选项】对话框，同时绘图区系统提示 扫描曲面: 定义 截面方向外形，选取扫描截面，系统接着提示选取扫描截面 2，如果不需要继续选取时，单击确认按钮 ✓ 退出【串连选项】对话框；系统提示 扫描曲面: 定义 引导方向外形，同时打开【串连选项】对话框，选取引导方向线，若还需要引导方向线就继续选取，否则单击确认按钮 ✓ 退出【串连选项】对话框，计算机根据引导方向生成曲面。生成扫描曲面时，Ribbon 工具栏如图 3-34 所示。单击确认按钮 ✓ 或按 Esc 键退出操作。

选择　平移　旋转　应用　确认　帮助

图 3-34　扫描曲面的 Ribbon 工具栏

在如图 3-34 所示的 Ribbon 工具栏中，有平移和旋转两种操作。扫描曲面中的平移曲面是将一个曲面沿着法线方向平移一段距离，可以根据需要进行选取。图 3-35(a)是一个截形和一条引导方向线，图 3-35(b)是平移曲面操作的效果，图 3-35(c)是旋转曲面操作的效果。

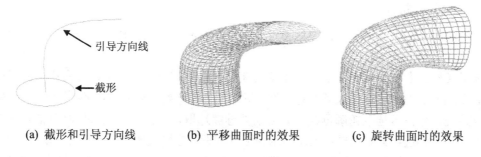

(a) 截形和引导方向线　　　　　(b) 平移曲面时的效果　　　　　(c) 旋转曲面时的效果

图 3-35　平移曲面和旋转曲面的效果

3.2.6　实战练习

选择菜单栏中的【文件】→【打开】命令,打开电动剃须刀的线架构模型文件"3-2.MCX",如图 3-36 所示。对线架构模型进行曲面设计,建立如图 3-16(b)所示的曲面模型。

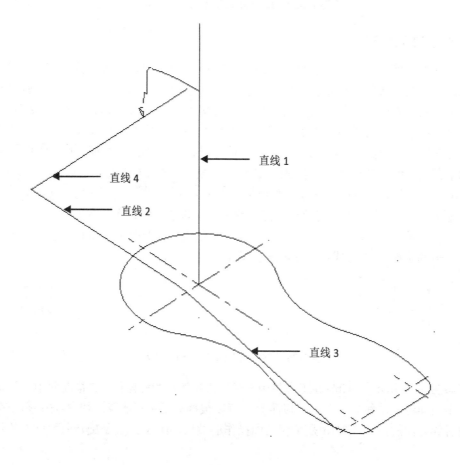

图 3-36　电动剃须刀的线架构模型

【建模分析】

在绘制该零件的曲面模型时，先利用线架构模型创建两个扫描曲面，并对某一曲面沿 Z 轴方向进行复制偏移；然后在曲面相交处进行曲面倒圆角操作(曲面倒圆角时注意各曲面的法线方向)；最后对上盖部分进行旋转操作，绘图过程如图 3-37 所示。

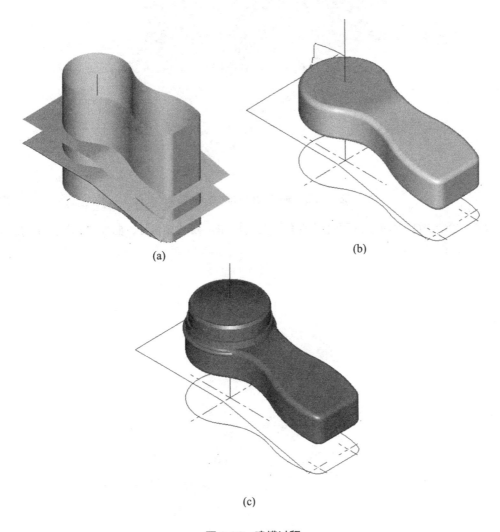

(a)

(b)

(c)

图 3-37　建模过程

【操作步骤提示】

(1) 打开【层别管理】对话框，新建一个图层来创建曲面模型，选中圆形封闭部分，沿直线 1 扫描，得曲面 1；再将直线 4 绕直线 2、直线 3 扫描，得曲面 2；将曲面 2 向上偏移，距离为 20，得曲面 3，结果如图 3-38 所示。

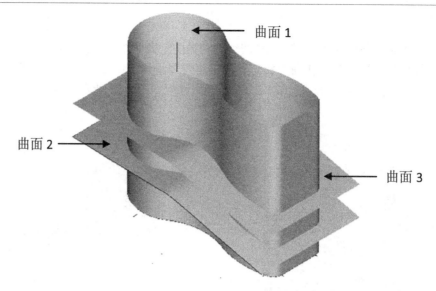

图 3-38 扫描、偏移后得曲面 1、曲面 2、曲面 3

(2) 对步骤(1)生成的曲面进行曲面倒圆角操作，修改曲面 1、曲面 2、曲面 3 的法向，倒圆角后得图 3-39。

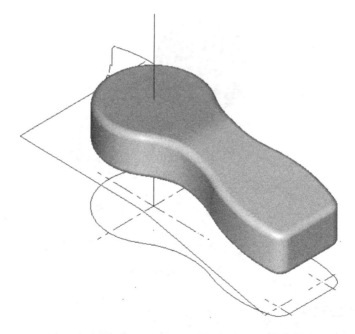

图 3-39 倒圆角后结果

(3) 旋转曲面，左上角曲线绕直线 1 旋转 360 度，形成上盖部分，最终效果图如图 3-40所示。

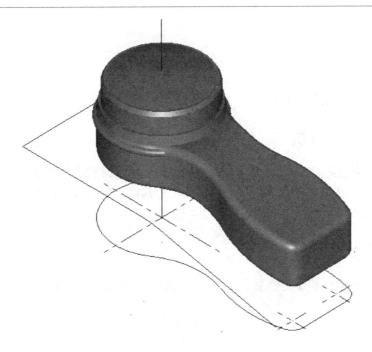

图 3-40 最终效果图

3.3 法兰实体造型设计

本节以法兰实体为例介绍 Mastercam X 中实体挤出、实体切割及实体旋转命令的使用方法。

3.3.1 案例介绍及知识要点

利用扫描实体、实体挤出、实体切割及实体旋转命令对法兰进行实体造型,如图 3-41 所示。

图 3-41 法兰实体

【知识要点】

● 扫描实体。
● 实体挤出。
● 实体切割及实体旋转。

3.3.2 建模思路分析

在获得法兰线架模型的基础上，首先绘制旋转实体，得到法兰的基本形状；接着在法兰的凸缘上进行打孔操作；然后绘制法兰筋板，对其进行旋转转换；最后把筋板实体与旋转实体进行结合布尔运算，再倒圆角完成法兰的实体造型。

3.3.3 操作步骤

(1) 选择菜单栏中的【文件】→【打开】命令，打开保存的线架构文件"3-3.MCX"，如图 3-42 所示。

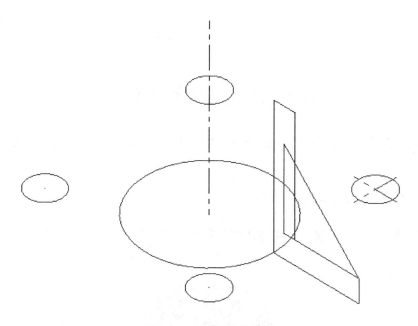

图 3-42　法兰线架构模型

(2) 在状态栏的【层别】按钮上单击鼠标左键，打开【层别管理】对话框，新建图层 4，命名为 Solids，单击确认按钮 ✔，如图 3-43 所示。

(3) 如图 3-43 所示，保持图层 4 为当前层，使图层 2、图层 3 不可见，效果如图 3-44所示。

图 3-43　【层别管理】对话框

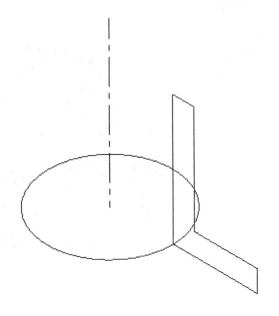

图 3-44　图层 4 中的线架

(4)　单击工具栏中的【旋转实体】按钮，弹出如图 3-45(a)所示的【串连选项】对话框，串连选取如图 3-45(b)所示的旋转轮廓线，单击确认按钮完成选取；系统进一步提示选取旋转轴线，选择如图 3-45(b)所示的中心线后，按 Enter 键，系统弹出如图 3-45(c)所示的【旋转实体的设置】对话框，采用默认设置，单击确认按钮完成操作。结果如图 3-45(d)所示。

(a) 【串连选项】对话框

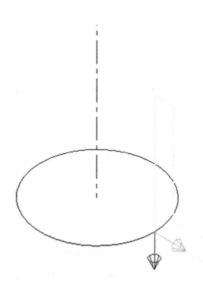

(b) 选择旋转截面

(c) 【旋转实体的设置】对话框

(d) 结果图

图 3-45　旋转实体

(5) 保持图层 4 为当前层，打开图层 2，使图层 1、3 不可见，效果如图 3-46 所示。

(6) 单击工具栏中的【挤压实体】按钮 ，弹出如图 3-47(a)所示【串连选项】对话框，依次选取如图 3-46 所示分布于法兰凸缘上的四个圆，单击确认按钮 完成选取；系统又弹出【实体挤出的设置】对话框，进行如图 3-47(b)所示的设置，单击确认按钮 完成操作。结果如图 3-47(c)所示。

图 3-46　显示图层 2

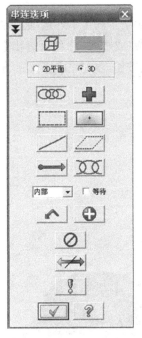

(a)【串连选项】对话框　　(b)【实体挤出的设置】对话框　　(c) 结果图

图 3-47　打孔操作

(7)　保持图层 4 为当前层，打开图层 3，使图层 1、图层 2 不可见，效果如图 3-48 所示。

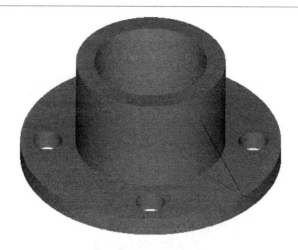

图 3-48　显示图层 3

(8) 单击工具栏中的【挤压实体】按钮 ⬆，弹出如图 3-49(a)所示的【串连选项】对话框，串连选取如图 3-48 所示的肋板截面曲线，单击确认按钮 ✓ 完成选取；系统又弹出【实体挤出的设置】对话框，进行如图 3-49(b)所示的设置，单击确认按钮 ✓ 完成操作。结果如图 3-49(c)所示。

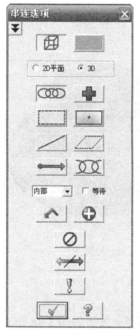

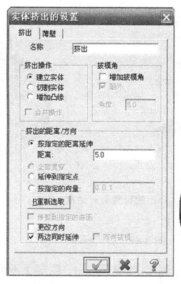

(a)【串连选项】对话框　　(b)【实体挤出的设置】对话框　　　　(c) 结果图

图 3-49　生成肋板

(9) 把视图模式设置为俯视图，单击工具栏中的【实体旋转】按钮 🔄，弹出如图 3-50(a)

所示的【串连选项】对话框，选取如图 3-49(c)所示的肋板实体，单击确认按钮 ✓ 完成选取；系统又弹出【旋转选项】对话框，进行如图 3-50(b)所示的设置，单击确认按钮 ✓ 完成操作。结果如图 3-50(c)所示。

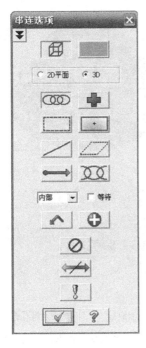
(a) 串连选项

(b) 旋转选项

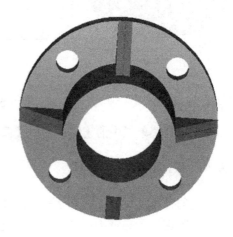
(c) 结果图

图 3-50　肋板旋转阵列

(10) 单击工具栏中的【结合布尔运算】按钮 ▣ ▾，目标体选择基本旋转体，工具体选择 4 个肋板，按 Enter 键确认，结果如图 3-51 所示。

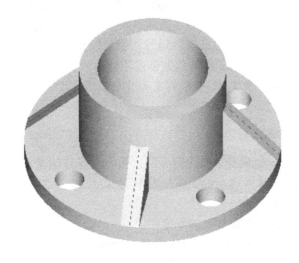

图 3-51　肋板和旋转体被同时选中

(11) 单击工具栏中的【实体倒圆角】按钮 ，选择如图 3-52(a)所示的边，按 Enter 键确认，参数设置如图 3-52(b)所示，单击确认按钮 ，结果如图 3-52(c)所示。

(a) 选择边   (b) 选择边选项   (c) 结果图

图 3-52　倒圆角操作

(12) 选择菜单栏中的【文件】→【保存】命令，以文件名"3-3"保存文件。

3.3.4　案例技巧点评

图层的使用是设计的技巧之一，将不同的图形元素放在不同的图层上，便于对图素的管理，同时也便于隐藏不再使用的图形元素。实体上打孔后仍然是一个实体，所以法兰凸缘上的四个孔必须在线架模型中绘出，而加强筋的挤出实体可以进行实体旋转阵列，但须注意旋转方向。

3.3.5　知识总结

三维实体比二维图形能更具体、更直接地表现物体的结构特征，它包含丰富的模型信息，为产品的后续处理(分析、计算、制造)提供了条件。在 Mastercam X 中，除了可以直接使用系统提供的命令创建圆柱体、球体、方块体外，还可以通过对二维图形进行拉伸、旋转等操作创建三维实体，对实体进行布尔运算、圆角以及抽壳等操作来创建各种各样复杂的三维实体。下面介绍 Mastercam 中实体的创建步骤。

用 Mastercam X 创建一个实体，一般有下面几个步骤，可应用这些步骤创建自己的实体模型。

1. 创建一个实体的基本操作

一个实体模型是由一个或多个操作定义的，第一个操作叫基本操作，创建一个实体，一个基本操作常常是在实体管理器的实体列表中列出，如图 3-53 所示，作为第一个操作，它不能从操作列表移出或删除。

使用下面一种方法，可创建一个基本操作。

(1) 用挤出曲线串连、旋转曲线串连、扫描曲线串连，或举升曲线串连去定义一个实体。

(2) 用基本实体(如圆柱体、方块体、圆锥体、球体或圆环体等)的形状,来定义一个实体。

(3) 从一个预定义实体的文件中读入一个实体。

图 3-53　创建实体命令

2. 创建一个实体的附加操作

当创建基本操作后,就可以进行后面的操作,修整实体。可用下列功能区修整一个实体。

(1) 在一个现存的实体上,作一个或多个切割,可删除不要的材料。

(2) 在一个现存的实体上,进行一个或多个增加凸体操作,可增加材料。

(3) 使用增加半径(圆角),可使实体变成平滑边界。

(4) 可作实体的斜角,即通常的倒角。

(5) 可挖空实体变成薄壳,并选切割选项,切去一个孔。

(6) 执行布尔运算功能,增加实体,从一个实体中删除一个,并寻找公共实体的体积。

(7) 牵引实体面。

(8) 修剪实体成一个平面或曲面。

3. 实体管理操作

在当前文件中,实体操作管理器列出了执行定义每个实体的操作,在模型中可检查一个操作的位置,编辑一个操作的各部分(图形和参数),在它的各个部分的各点上检查实体模型,并重新生成所有的实体或单个实体。

3.3.6 实战练习

选择菜单栏中的【文件】→【打开】命令，打开连接杆的线架构模型文件"3-4.MCX"，如图 3-54(a)所示。利用已知的连接杆线架构模型进行连接杆实体造型，连接杆实体如图 3-54(b)所示。

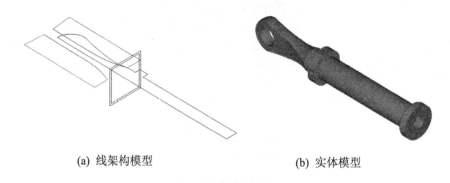

(a) 线架构模型

(b) 实体模型

图 3-54　连接杆模型

【建模分析】

先利用旋转实体命令得到连接杆的基本形状，接着对连接杆柄部进行切割，然后在柄部平面和圆柱凸台上打孔，最后采用拉伸和倒圆角命令绘制轴端。建模过程如图 3-55 所示。

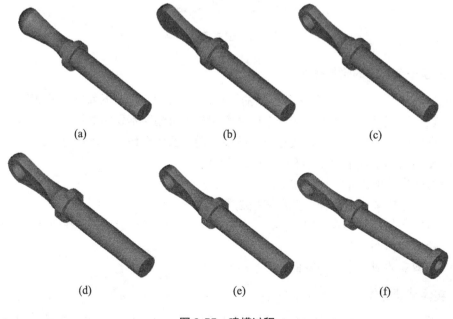

(a)　　　　　　　　　　(b)　　　　　　　　　　(c)

(d)　　　　　　　　　　(e)　　　　　　　　　　(f)

图 3-55　建模过程

【操作步骤提示】

(1) 打开【层别管理】对话框，新建一个图层来创建实体模型，然后旋转实体，只打开图层 1，串连选取其中的封闭轮廓，绕轴旋转，得旋转实体，如图 3-56 所示。

(2) 实体切割，只打开图层 3，串连选取其中的两个封闭轮廓，对旋转体进行切割，如图 3-57 所示。

图 3-56 旋转实体

图 3-57 分割后的图形

(3) 绘制孔。在如图 3-57 所示的柄部平面上绘制直径为 20 的孔，然后进行打孔操作，结果如图 3-58 所示。

(4) 实体切割，只打开图层 4，串连选取其中的两个矩形面，对旋转体进行切割，如图 3-59 所示。

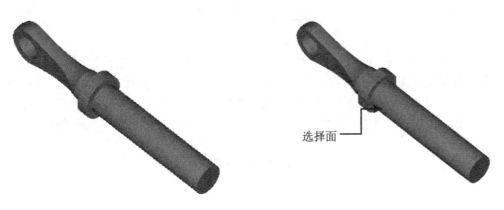

选择面

图 3-58 实体面打孔

图 3-59 分割后的图形

(5) 绘制孔，在如图 3-60 所示的实体面中间绘制直径为 7 的孔，然后进行打孔。

图 3-60 实体面打孔

(6) 绘制轴端，在如图 3-61(a)所示的实体面中心绘制直径分别为 15、38 的同心圆。接着对圆环区域进行拉伸，拉伸距离为 10，再把旋转体与上部产生的拉伸体进行结合布尔运算；以上一步绘制的直径为 15 的小圆为草图打孔，孔深为 20。最后进行倒圆角，选择倒角边，设置倒角半径为 3，最终结果如图 3-61(b)所示。

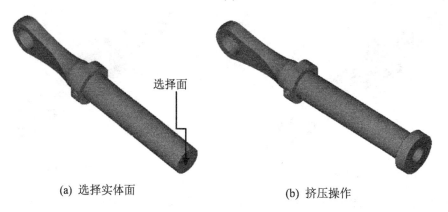

(a) 选择实体面　　　　　　　　　　(b) 挤压操作

图 3-61　轴端挤压操作

本 章 小 结

　　本章主要介绍了 Mastercam X 中的三维绘图功能：创建曲线、曲面及实体等。通过液化气旋钮建模实例详细介绍了线架模型、曲面模型的建模思路和步骤，通过法兰实体造型阐述了实体模型的造型方法，可以方便地生成简单的实体。模型的构建过程有多种方法，读者可以在练习过程中尽可能多地建模操作，自行分析和选择更为科学、合理的建模思路。

思考与习题

1. 选择题

(1) 在 Mastercam X 中，曲面圆角的操作方式有(　　)种。
　　A. 3　　　　　　B. 4　　　　　　C. 5　　　　　　D. 6

(2) 在绘制直纹/举升曲面的时候，曲面的连接可以是直线或是曲线，如果在串连图形中根据一定的算法利用直线进行连接叫作(　　)曲面。
　　A. 直纹　　　　　B. 举升　　　　　C. 提拉　　　　　D. 牵引

(3) 在 Mastercam X 中，扫描曲面时，方向引导线最多只能有(　　)条。
　　A. 1　　　　　　B. 2　　　　　　C. 3　　　　　　D. 无所谓

(4) 在 Mastercam X 中，创建基本实体的操作方式有(　　)种。
　　A. 3　　　　　　B. 4　　　　　　C. 5　　　　　　D. 6

(5) 在创建挤压实体的时候，会打开实体挤压的设置的对话框，下面的(　　)选项不属于挤压操作方式。

A. 建立实体　　　B. 切割实体　　　C. 增加凸缘　　　D. 实体抽壳

(6) 在 Mastercam X 中，下面的选项( )不属于布尔运算。

A. 结合　　　　　B. 切割　　　　　C. 交集　　　　　D. 填补

2. 思考题

(1) 在 Mastercam X 中，曲面倒圆角的方法有哪几种？

(2) 在 Mastercam X 中，如何进行曲线/曲面倒圆角？

(3) 在 Mastercam X 中，有哪些方法可以用来创建曲面？

(4) 在 Mastercam X 中，如何利用扫描命令进行实体的创建？

(5) 在 Mastercam X 中，实体编辑的操作方式有多少种？分别是什么？

(6) 在 Mastercam X 中，布尔运算的操作有哪几种？如何进行操作？

3. 操作题

(1) 对如图 3-62 所示的球体曲面和圆柱曲面相交处进行倒圆角处理。

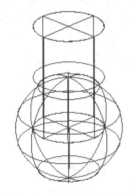

(a) 球体曲面和圆柱曲面相交的线框模型　　　(b) 球体曲面和圆柱曲面相交的着色效果

图 3-62　球体曲面和圆柱曲面相交

(2) 利用旋转和挤压命令创建如图 3-63 所示的法兰实体。

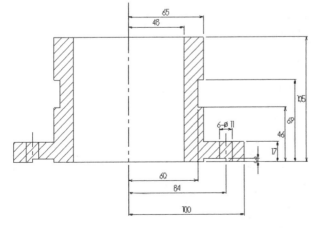

图 3-63　法兰实体

第4章 数控加工技术基础

Mastercam 软件的 CAM 模块的最终目标是生成符合要求的数控代码,这种技术被称为数控编程技术。它包含了数控加工与编程、金属加工工艺、软件操作等多方面的知识和经验。它与实际紧密结合,因此在介绍 Mastercam 的 CAM 模块之前,首先进行数控加工技术基础的介绍是十分有必要的。

4.1 Mastercam X 数控编程的基本过程

数控编程是从零件设计到获得合格的数控加工程序的全过程,其最主要的任务是计算得到加工走刀中的刀位点,即获得刀具运动的路径。利用 Mastercam X 系统产生 NC 加工程序一般需要 3 个基本步骤:CAD——计算机辅助设计产品模型生成“.MCX”文件,CAM——计算机辅助制造生产“.NCI”文件,POST——后处理生成“.NC”文件。

利用 CAD 软件进行零件设计,然后通过 CAM 软件获取设计信息,并进行数控编程的基本过程和内容,如图 4-1 所示。数控编程中的关键技术包括:CAD 建模技术、加工参数合理设定、刀具路径仿真和后处理技术。

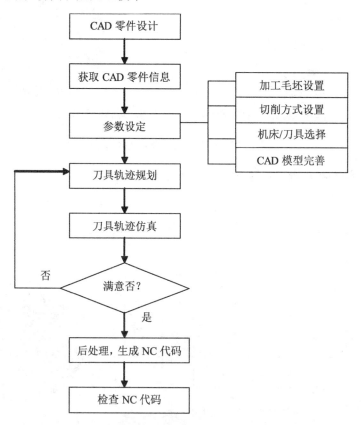

图 4-1　数控编程流程图

4.1.1 CAD 建模技术

CAD 模型是数控编程的前提和基础，其首要环节是建立被加工零件的几何模型。复杂零件建模的主要技术是以曲面建模技术为基础的。Mastercam 的 CAM 模块获得 CAD 模型的方法途径有以下三种：直接获得、直接造型和数据转换。

4.1.2 加工参数的合理设置

数控加工的效率和质量有赖于加工方案和加工参数的合理选择。加工参数合理的设定包含两方面的内容：加工工艺分析规划和参数设置。其目标是在满足加工要求、机床正常运转的前提下尽可能提高加工效率。工艺分析的水平基本上决定了整个 NC 程序的质量。

4.1.3 刀具路径仿真

由于零件形状的复杂多变以及加工环境的复杂性，为了确保程序的安全，必须对生成的刀具路径进行检查。检查的主要内容是加工过程中的过切或欠切、刀具与机床和工件的碰撞问题。

4.1.4 后处理技术

后处理是数控编程技术的一个重要内容，它将通用前置处理生成的刀路数据转换成适合于具体机床数据的数控加工程序。后处理实际上是一个文本编辑处理过程。其技术内容包括机床运动学建模与求解、机床结构误差补偿和机床运动非线性误差校核修正等。

在后处理生成数控程序之后，还必须对这个程序文件进行检查，尤其需要注意的是对程序头和程序尾部分的语句进行检查。处理完成后，生成的数控程序就可以运用于机床加工了。

4.2 数控程序的质量

衡量一段数控程序的好坏，其判定标准主要包括以下 6 条。

(1) 完备性：没有未加工到的残留区域。

(2) 误差控制：加工的各个区域能够达到要求的加工精度和误差。

(3) 加工效率：在保证加工质量的前提下，尽可能地减少加工时间。

(4) 安全性：不出现过切、撞刀和漏刀等问题。

(5) 工艺性：包括进/退刀、刀具选择、加工工艺规划、切削方式和其他各种工艺参数的设置符合相应的金属加工工艺。

(6) 其他：如机床及刀具的损耗程度、程序的规划化程度等。

在判断一段加工程序的质量时，应首先判断它是否能够使各个加工区域达到需要的加工质量，在此基础上再努力进一步提高加工效率。

4.3 数控加工工艺基础

数控编程人员有必要掌握一定的与数控加工相关的基础知识。本节以数控铣为对象，介绍数控加工工艺基础。在机械加工中，由机床、夹具、刀具和工件等组成的统一体，称为工艺系统。数控加工工艺设计的内容很多，本书作为 Mastercam 软件的教材，仅就其中的几点内容进行讲述。

4.3.1 数控加工的基本过程

数控加工就是泛指在数控机床上进行零件加工的工艺过程。数控机床是一种用计算机来控制的机床，用来控制机床的计算机，不管是专用计算机还是通用计算机，都统称为数控系统。

数控机床的运动和辅助动作均受控于数控系统发出的指令。而数控系统的指令是由程序员根据工件的材质、加工要求、机床的特性和系统所规定的指令格式(数控语言或符号)编制的。所谓编程，指的是把被加工零件的工艺过程、工艺参数、运动要求用数字指令形式(数控语言)记录在介质上，并输入数控系统。数控系统根据程序指令向伺服装置和其他功能部件发出运行或中断信息来控制机床的各种运动。当零件的加工程序结束时，机床便会自动停止操作。任何一种数控机床，在其数控系统中，若没有输入程序指令，数控机床就不会工作。

机床的受控动作大致包括机床的启动、停止；主轴的启停、旋转方向和转速的变换；进给运动的方向、速度、方式；刀具的选择、长度和半径的补偿；刀具的更换；冷却液的开启、关闭等。在数控机床上加工零件所涉及的范围比较广，与相关的配套技术有密切的关系。合格的程序员首先应该是一个很好的工艺员，应熟练地掌握工艺分析、工艺设计和切削用量的选择，能正确地选择刀辅具并提出零件的装夹方案，了解数控机床的性能和特点，熟悉程序的编制方法和程序的输入方式。

数控加工程序的编制方法有手工(人工)编程和自动编程两种。手工编程是指程序的全部内容都是由人工按数控系统所规定的指令格式进行编写。自动编程即计算机编程，分为以语言和绘画为基础的自动编程方法。但是，无论采用何种自动编程方法，都需要有相应的配套硬件和软件。

一般来说，数控加工工艺主要包括的内容如下。

(1) 选择并确定进行数控加工的零件及内容。

(2) 对零件图纸进行数控加工的工艺分析。

(3) 数控加工的工艺设计。

(4) 对零件图纸的数字处理。

(5) 编写加工程序单。

(6) 按程序单制作控制介质。

(7) 程序的校验与修改。

(8) 首件试加工与现场问题处理。

(9)　数控加工工艺文件的定型与归档。

4.3.2　数控加工程序编制

1. 坐标系统

1)　机床坐标系与运动方向

为了确定机床的运动方向和移动距离，需要在机床上建立一个坐标系，该坐标系就是机床坐标系，也称标准坐标系。

数控机床上的坐标系采用笛卡尔右手坐标系，如图 4-2 所示。右手的大拇指、食指和中指保持相互垂直，拇指所指的方向为 X 轴的正方向，食指所指的方向为 Y 轴的正方向，中指所指的方向为 Z 轴的正方向。

通常把传递切削力的主轴定为 Z 轴。对于工件旋转的机床，如车床、磨床等，工件转动的轴为 Z 轴；对于刀具旋转的机床，如镗床、铣床、钻床等，刀具转动的轴为 Z 轴。Z 轴的正方向为刀具远离工件的方向。

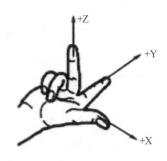

图 4-2　笛卡尔右手坐标系

X 轴一般平行于工件装卡面且与 Z 轴垂直。对于工件旋转的机床(如车床、磨床等)，X 坐标的方向是在工件的径向上，且平行于横向滑座，刀具远离工件旋转中心的方向为 X 轴的正向。对于刀具旋转的机床(如铣床、镗床、钻床等)，若 Z 轴是垂直的，当从刀具主轴向立柱看时，X 轴的正向指向右；总 Z 轴是水平的，当从主轴向工件看时，X 轴的正向指向右。

当 X 轴与 Z 轴确定之后，Y 轴垂直于 X 轴和 Z 轴，其方向可按右手定则确定。

2)　工件坐标系

工件坐标系指的是由编程人员根据零件图样及加工工艺，以零件上某一固定点为原点所建立的坐标系，又称为程序坐标系或工件坐标系。

3)　附加坐标系

为了编程和加工的方便，如果还有平行于 X、Y、Z 坐标轴的坐标，有时还需设置附加坐标系，可以采用的附加坐标系有：第二组 U、V、W 坐标，第三组 P、Q、R 坐标。

2. 几个重要术语

1)　机床原点

机床原点又称为机械原点，是机床坐标系的原点。该点是机床上的一个固定点，其位置是由机床设计和制造单位确定的，通常不允许用户改变。机床原点是工件坐标系、机床参考点的基准点，也是制造和调整机床的基础。数控车床的机床原点一般设在卡盘后端面的中心。数控铣床的机床原点，各生产厂设置的都不一致，有的设在机床工作台的中心，有的设在进给行程的终点。

2)　机床参考点

机床参考点是机床上的一个固定点，用于对机床工作台、滑板与刀具相对运动的测量系统进行标定和控制。其位置由机械挡块或行程开关来确定。

3) 工件原点

工件坐标系的原点称为工件原点或编程原点。工件原点在工件上的位置虽然可以任意选择，但是一般应遵循以下原则。

① 工件原点应设置在工件图样的设计基准或工艺基准上，以利于编程。

② 工件原点应尽量设置在尺寸精度高、粗糙度值低的工件表面上。

③ 工件原点最好设置在工件的对称中心上。

④ 要便于测量和检验。

4) 绝对坐标与相对坐标

绝对坐标指的是所有点的坐标值都是相对于坐标原点进行计量的；相对坐标又称增量坐标，指的是运动终点的坐标值是以前一个点的坐标作为起点来进行计量的。

5) 对刀与对刀点

对刀点指的是通过对刀确定刀具与工件相对位置的基准点。对刀点可以设置在工件上，也可以设置在与工件的定位基准有一定关系的夹具的某一位置上，其选择原则如下。

① 所选的对刀点应使程序编制更简单。

② 对刀点应设置在容易找正、便于确定零件加工原点的位置。

③ 对刀点应设置在加工过程中检查方便、可靠的位置。

④ 对刀点的选择应有利于提高加工精度。

当对刀精度要求较高时，对刀点应尽量设置在零件的设计基准或工艺基准上，对于以孔定位的工件，一般取孔的中心作为对刀点。

6) 换刀点

换刀点指的是为加工中心、数控车床等采用多刀加工的机床而设置的，因为这些机床在加工过程中需要自动换刀，在编程时应当考虑选择合适的换刀位置。

4.3.3 加工毛坯的确定

1. 毛坯的种类

1) 铸件

铸件适用于形状比较复杂的零件毛坯，其铸造方法有砂型铸造、精密铸造、金属型铸造、压力铸造等。较常用的是砂型铸造，当毛坯精度要求低、生产批量小时，应采用木模手工造型法；当毛坯精度要求高、生产批量大时，应采用金属型机器造型法。铸件材料有铸铁、铸钢及铜、铝等有色金属。

2) 锻件

锻件适用于强度要求高、形状比较简单的零件毛坯。其锻造方法有自由锻和模锻两种。自由锻毛坯精度低、加工余量大、生产率低，适用于单件小批生产以及大型零件毛坯。模锻毛坯精度高、加工余量小、生产率高，但成本也高，适用于中小型零件毛坯的大批量生产。

3) 型材

型材有热轧和冷拉两种。热轧适用于尺寸较大、精度较低的毛坯；冷拉适用于尺寸较小、精度较高的毛坯。

4)　焊接件

焊接件指的是根据需要将型材或钢板等焊接而成的毛坯件,它简单方便,生产周期短,但需经时效处理后才能进行机械加工。

5)　冷冲压件

冷冲压件毛坯可以非常接近成品要求,在小型机械、仪表、轻工电子产品方面应用广泛,但是,因为冲压模具昂贵而仅用于大批量生产。

2. 毛坯选择时应考虑的因素

1)　零件的材料及机械性能要求

零件材料的工艺特性和力学性能大致决定了毛坯的种类。例如,铸铁零件用铸造毛坯;钢质零件当形状较简单且力学性能要求不高时常用棒料;对于重要的钢质零件,为获得良好的力学性能,应当使用锻件;当形状复杂、力学性能要求不高时,应当使用铸钢件;有色金属零件常用型材或铸造毛坯。

2)　零件的结构形状与外形尺寸

大型且结构较简单的零件毛坯多用砂型铸造或自由锻;结构复杂的毛坯多用熔模铸造;小型零件可用模锻件或压力铸造毛坯;板状钢质零件多用锻件毛坯;轴类零件的毛坯,若台阶直径相差不大可用棒料,若各台阶尺寸相差较大则宜选锻件。

3)　生产纲领的大小

在大批量生产中,应采用精度和生产率都较高的毛坯制造方法。铸件采用金属模机器造型和精密铸件,锻件用模锻或精密锻件。在单件小批生产中,用木模手工造型或自由锻来制造毛坯。

4)　现有生产条件

确定毛坯时,必须结合具体的生产条件,如现场毛坯制造的实际水平和能力、外协的可能性等,否则就不现实。

5)　充分利用新工艺、新材料

为节约材料和能源,提高机械加工生产率,应充分考虑精密铸件、精锻、冷轧、冷挤压、粉末冶金、异型钢材及工程塑料等在机械中的应用,这样可大大减少机械加工量,甚至不需要进行加工,经济效益非常显著。

4.3.4　数控铣刀的选择

1. 铣刀类型的选择

数控铣床上所采用的刀具要根据被加工零件的材料、几何形状、表面质量要求、热处理状态、切削性能及加工余量等,选择刚性好、耐用度高的刀具。应用于数控铣削加工的刀具主要有平底立铣刀、面铣刀、球头刀、环形刀、鼓形刀和锥形刀等。

被加工零件的几何形状是选择铣刀具类型的主要依据。

- 加工曲面类的零件时,为了保证刀具切削刃与加工轮廓在切削点相切,而避免刀刃与工件轮廓发生干涉,一般采用球头刀,粗加工用两刃铣刀,半精加工和精加工用四刃铣刀。刀刃数还与铣刀直径有关。

- 铣较大平面时，为了提高生产效率和提高表面精度，一般采用刀片镶嵌式盘形面铣刀。
- 铣小平面或台阶面时一般采用通用铣刀。
- 铣键槽时，为了保证槽的尺寸精度，一般使用两刃键槽铣刀。
- 在加工孔时，可采用钻头、镗刀等孔加工刀具。

2. 铣刀直径的选择

铣刀直径的选用视产品及生产批量的不同差异较大，刀具直径的选用主要取决于设备的规格和工件的加工尺寸。

1) 平面铣刀

在选择平面铣刀直径时，主要需考虑刀具所需功率应在机床功率范围之内，也可将机床主轴直径作为选择的依据。平面铣刀直径可按 D=1.5d(d 为主轴直径)进行选择。在批量生产时，也可按工件切削宽度的 1.6 倍选择刀具直径。

2) 立铣刀

立铣刀直径的选择主要应考虑工件加工尺寸的要求，并保证刀具所需功率在机床额定功率范围以内。如果是小直径立铣刀，则应主要考虑机床的最高转数能否达到刀具的最低切削速度(60m/min)。

3) 槽铣刀

槽铣刀的直径和宽度应根据加工工件的尺寸进行选择，并保证其切削功率在机床允许的功率范围之内。

4.3.5 切削用量的选择

影响切削用量的因素有机床和刀具两种。

切削用量的选择必须在机床主传动功率、进给传动功率以及主轴转速范围、进给速度范围之内。机床——刀具——工件系统的刚度是限制切削用量的重要因素。切削用量的选择应使系统不发生较大的"震颤"。

刀具材料也是影响切削用量的重要因素。数控机床所使用的刀具多采用可转位刀片(机夹刀片)，并具有一定的寿命。机夹刀片的材料和形状尺寸必须与程序中的切削速度和进给量相适应并存入刀具参数中去。不同的工件材料要采用与之适应的刀具材料、刀片类型，要注意可切削性。可切削性良好的标志是：在高速切削下有效地形成切屑，同时具有较小的刀具磨损和较好的表面加工质量。较高的切削速度、较小的背吃刀量和进给量，可以获得较好的表面粗糙度。合理的恒切削速度、较小的背吃刀量和进给量，可以得到较高的加工精度。冷却液同时具有冷却和润滑作用，它带走切削过程产生的切削热，降低工件、刀具、夹具和机床的温升程度，减少刀具与工件的摩擦和磨损，提高刀具寿命和工件表面加工质量。使用冷却液后，通常可以提高切削用量。冷却液必须定期更换，以防因其老化而腐蚀机床导轨或其他零件，特别是水溶性冷却液。铣削加工的切削用量包括切削速度、进给速度、背吃刀量、侧吃刀量。从刀具耐用度出发，切削用量的选择方法是：先选择背吃刀量或侧吃刀量，其次选择进给速度，最后确定切削速度。

4.3.6　确定加工余量的方法

确定加工余量的方法有以下 3 种。

(1) 查表修正法 ：根据生产实践和试验研究，已将毛坯余量和各种工序的工序余量数据编成手册。

(2) 经验估计法：此方法是根据实践经验确定加工余量。

(3) 分析计算法：这是根据加工余量计算公式和一定的试验资料，通过计算确定加工余量的一种方法。

在确定加工余量时，总加工余量和工序加工余量需要分别确定。总加工余量的大小与选择的毛坯制造精度有关。用查表法确定工序的加工余量时，粗加工工序的加工余量不应查表确定，而是用总加工余量减去各工序余量求得，同时要对求得的粗加工工序余量进行分析，如果过小，需要增加总加工余量：过大，应适当减少总加工余量，以免造成浪费。

4.3.7　模具的数控铣削工艺分析

1. 模具加工的基本特点

模具加工的基本特点是加工精度要求高、形面复杂、批量小、工序多、重复性投产、仿形加工、模具材料优异和硬度高。

根据上述诸多特点，在选用机床时要尽可能满足加工要求，如数控系统的功能要强，机床精度要高，刚性要好，热稳定性要好，具有仿形功能等。

2. 建议采取的技术措施

根据模具加工的特点以及数控机床新工艺的要求，建议在加工工艺上采取一些措施，以便发挥机床的高精度、高效率的特点，保证模具的加工质量。

(1) 要精选材料，毛坯材质要均匀，目前有些材料在粗加工后变形量比较小。铸锻件要经过高温时效消除内应力，使材料经过多工序加工之后变形较小。

(2) 合理安排工序，精化零件毛坯。在模具的生产过程中，不可能靠一两台数控铣床完成零件的全部加工工序，而是要与普通铣床、车床等通用设备配合使用。所以，在工序的安排上，应考虑生产节拍和生产能力是否平衡；在保证高精度、高效率的前提下，考虑数控加工和普通加工的经济性是否合理，以及数控加工和通用设备加工的各自特长，因此在数控加工前的毛坯应尽量精化，除去铸锻、热处理产生的氧化硬层，只留少量加工余量，加工出基准面、基准孔等。

(3) 数控机床的刚性强、热稳定性好、功率大，在加工中尽可能选择较大的切削用量，这样既可满足加工精度要求，又提高了效率。

(4) 有些零件由于切削内应力、热变形、装夹位置的合理性、夹具夹紧变形等原因，必须多次装夹才能完成。不能一味追求快而不顾加工的合理性。

(5) 加工工序的顺序建议：

① 重切削、粗加工、去除零件毛坯上大部分余量，如粗铣大平面、粗铣曲面、粗镗孔等。

② 加工发热量小、精度要求不高的内容，如半精铣平面、半精镗孔等。

③ 在模具加工中精铣曲面。

④ 打中心孔、钻小孔、攻螺纹。

⑤ 精镗孔、精铣平面、铰孔。

注意，在重切削、精加工时要有充分的冷却液，粗加工后至精加工之前，需要有充分的冷却时间，在加工中尽量减少换刀次数，减少空行程移动量。

3. 刀具的选择

数控机床在加工模具时所采用的刀具大多与通用刀具相同，经常也使用机夹不重磨可转位硬质合金刀片的铣刀。由于模具中有许多是由曲面构成的型腔，所以经常需要采用球头刀以及环形刀(即立铣刀刀尖呈圆弧倒角状)。

4. 铣削曲面时应注意的问题

在模具加工中，在铣削曲面时需要注意以下一些问题。

(1) 在粗铣时，应根据被加工曲面给出的余量，用立铣刀按等高面一层一层地铣削，这种粗铣效率高。粗铣后的曲面类似于山坡上的梯田。台阶高度视粗铣精度而定。

(2) 半精铣的目的是铣掉"梯田"台阶，使被加工表面更接近于理论曲面，采用球头铣刀一般应当为精加工工序留出 0.5mm 左右的加工余量。半精加工的行距和步距可比精加工大。

(3) 精加工最终加工出理论曲面。用球头铣刀精加工曲面时，一般用行切法。

(4) 当使用球头铣刀铣削曲面时，其刀尖处的切削速度很低，当用球刀垂直于被加工面铣削比较平缓的曲面时，球刀刀尖切出的表面质量比较差，所以应适当地提高主轴转速，另外还应避免用刀尖进行切削。

(5) 避免垂直下刀。平底圆柱铣刀有两种：一种是端面有顶尖孔，其端刃不过中心。另一种是端面无顶尖孔，端刃相连且过中心。在铣削曲面时，有顶尖孔的端铣刀绝对不能像钻头似的向下垂直进刀，除非预先钻有工艺孔，否则会把铣刀顶端。当用无顶尖的端刀时可以 垂直向下进刀，但由于刀刃角度太小，轴向力很大，所以也应尽量避免。最好的办法是向斜下方进刀，进到一定深度后再用侧刃横向切削。在铣削凹槽面时，可以预钻出工艺孔以便下刀。用球头铣刀垂直进刀的效果虽然比平底的端铣刀要好，但也因轴向力过大影响切削效果，最好不要使用这种下刀方式。

(6) 在铣削曲面零件时，当发现零件材料热处理不好、有裂纹、组织不均匀等现象时，应及时停止加工，以免浪费工时。

(7) 在铣削模具型腔比较复杂的曲面时，一般需要较长的周期，因此，在每次开机铣削之前，应对机床、夹具、刀具进行适当的检查，以免在中途发生故障，影响加工精度，甚至造成废品。

(8) 在模具型腔铣削时，应根据加工表面的粗糙度适当掌握修锉余量。对于铣削比较困难的部位，如果加工表面粗糙度较差，应适当多留些修锉余量；而对于平面、直角沟槽等容易加工的部位，应尽量降低加工表面粗糙度值，减少修锉工作量，避免因大面积修锉而影响型腔曲面的精度。

本 章 小 结

　　本章对数控加工的基本知识、加工程序的编制思路、加工工艺的确定、刀具的选择以及加工时注意的问题进行了详细的阐述，为后续利用 Mastercam X 软件进行计算机辅助制造打好基础。

思考与习题

1. 选择题

(1) 数控加工工艺主要包括的内容有(　　)。

　　A. 选择并确定进行数控加工的零件及内容；对零件图纸进行数控加工的工艺分析

　　B. 数控加工的工艺设计；对零件图纸的数学处理；编写加工程序单

　　C. 按程序单制作控制介质；程序的校验与修改

　　D. 首件试加工与现场问题处理；数控加工工艺文件的定型与归档

(2) 确定加工余量的方法有(　　)。

　　A. 查表修正法　　　　　　　　B. 经验估计法

　　C. 试切法　　　　　　　　　　D. 分析计算法

2. 思考题

(1) 数控编程中的关键技术包括哪些？

(2) Mastercam 的 CAM 模块获得 CAD 模型的方法途径有几种？

3. 操作题

(1) 用笛卡尔右手坐标系分别判断数控车、数控铣床中 Z 轴的方向。

(2) 制定如图 4-3 所示外形铣削数控加工工艺。

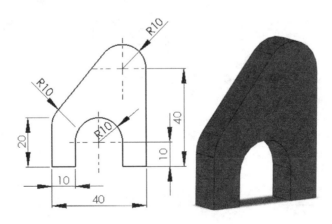

图 4-3　U 形环二维铣削加工

第5章　CAM 通用设置

Mastercam 的 CAM 部分主要可以分为二维刀具路径设计和三维刀具路径设计两大类。无论是哪种刀具路径的生产方式，其中的刀具设置、材料设置、工作设置和操作管理的基本方法都是一样的，因此在介绍刀具路径之前，对这些内容进行统一介绍。通过本章的学习，读者应该掌握刀具设计的方法、材料设置的功能、工作设置中的基本内容和方法、操作管理的基本内容和方法。

5.1　机 床 设 置

Mastercam X 的一个最大新特点就是引入了机床的概念。首先用户根据需要使用的机床来选择进入相应的 CAM 模块；其次，相当多的工作设置的内容与所使用的机床配套起来。而且一个零件可以在不同的阶段根据需要依次采用不同的机床来进行刀具路径的设定。

用户可以在选择某种机床后，通过选择【机床类型】→【机床定义管理器】命令来查看或修改所选择机床的相应配置。选择该命令后，系统会首先提示是否确定需要执行该功能。因为相应的机床已经被选择使用，如果用户不慎进行了不适当的改动，可能会造成生成的刀具路径错误等不可预计的错误。确定后，打开如图 5-1 所示的【机床配置】对话框，在其中进行机床配置。

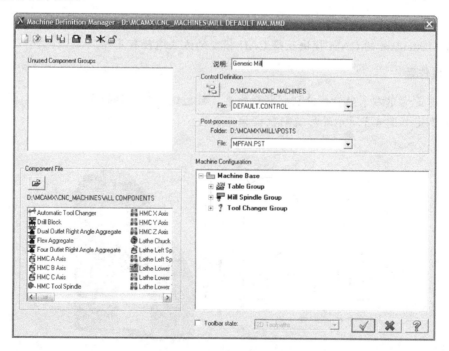

图 5-1　【机床配置】对话框

5.2 【刀具路径】管理

在生成刀具路径之前，需在如图 5-2 所示的【刀具路径】管理中对加工工件的大小、材料以及加工用刀具等进行设置。下面对【刀具路径】管理进行简单的介绍。

图 5-2 【刀具路径】管理

5.2.1 工具设置

单击【刀具路径】管理中的【工具设置】选项，打开【工具设置】选项卡，如图 5-3 所示，在该选项卡中可以对刀具工具的材料进行选择和对材料进行定义。工具设置的选择会直接影响到主轴转速、进给速度等加工参数。

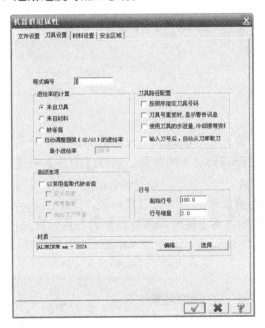

图 5-3 【刀具设置】 选项卡

5.2.2　工件设置

工件设置指的是设置当前的工件参数，它包括工件类型的选择、工件尺寸的设置和工件原点的设置。设置好工件后，在验证刀具路径时可以看到所设置工件的三维图形效果。单击图 5-2 中的【材料设置】选项，打开如图 5-4 所示的【材料设置】选项卡，可进行毛坯参数设置。

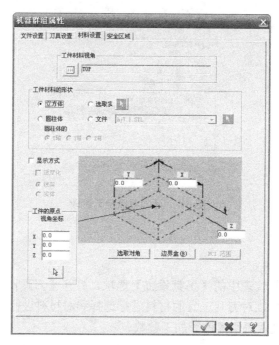

图 5-4　【材料设置】选项卡

5.2.3　刀具管理

1. 刀具管理器

在生成刀具路径前，首先要选取该加工使用的刀具。一个零件的加工可能要使用若干把刀具，刀具的选取直接影响到加工的效果。选择【刀具】→【刀具管理器】命令，打开如图 5-5 所示的刀具管理器。

对话框上半部显示当前工件所使用的刀具列表，下半部显示现在的刀具库或现在可用的各种刀具，用鼠标选择列表顶上任意标题进行分类刀具列表。一般选择 Mill_MM.TOOLS 选项。在列表中单击鼠标右键，可打开如图 5-6 所示刀具管理快捷菜单。

2. 刀具过滤

单击图 5-5 刀具管理器中的 过滤设置… 按钮，打开如图 5-7 所示的【刀具过滤设置】对话框。

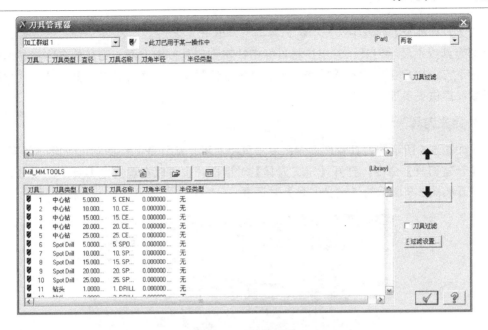

图 5-5　刀具管理器

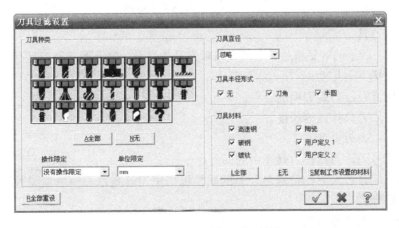

图 5-6　刀具管理快捷菜单

图 5-7　【刀具过滤设置】对话框

从【刀具种类】列表中选择一种刀具类型，单击 L全部 或 E无 按钮，可显示全部刀具或不显示刀具。若用户将鼠标指针移到刀具按钮上面，刀具的名字将显示在鼠标指针下方，用户也可设置【操作限定】、【单位限定】、【刀具直径】和【刀具材料】等参数，提供更多过滤标准。

3. 定义刀具

在如图 5-5 所示的刀具管理器中，单击鼠标右键，从打开的快捷菜单(如图 5-6 所示)中选择【新建刀具】命令，打开【定义刀具】对话框。也可以在已选定刀具中，双击刀具图标，打开如图 5-8 所示的【定义刀具】对话框。

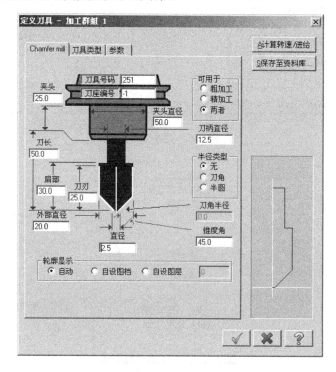

图 5-8　【定义刀具】对话框

1) 编辑刀具

在如图 5-8 所示的对话框中，定义或编辑刀具的参数。对于不同的刀具有不同的参数设置，一般都包括下面几项。

● 刀柄直径：刀具刀柄的直径。

● 刀刃：刀具排屑槽长度。

● 肩部：刀刃长度。

● 刀具号码：刀具在刀具库中的编号。

● 刀座编号：刀具的位置号，有的数控机床中刀具是以刀座位置编号的，可在此输入编号。

● 刀长：刀具外露长度。

● 可用于：设置刀具适用的加工类型，分别为【粗加工】、【精加工】和【两者】。

2)　刀具类型

系统默认的刀具类型为端铣刀(Flat End Mill)，若要选择其他类型的刀具，可以单击图 5-8 中的【刀具类型】标签，打开如图 5-9 所示的【刀具类型】选项卡，刀具类型总共有20 种，用户可以根据需要进行选择。

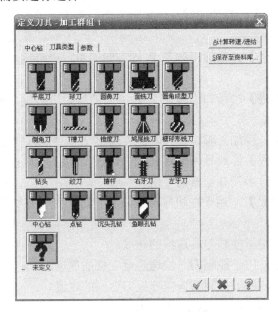

图 5-9　【刀具类型】选项卡

3)　刀具参数

单击图 5-8 中的【参数】标签，可打开如图 5-10 所示的【参数】选项卡。

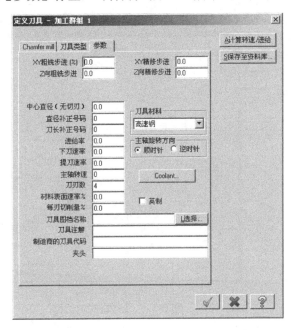

图 5-10　【参数】选项卡

在如图 5-10 所示的【参数】选项卡，主要用于设置刀具在加工时的有关参数，如粗加工、精加工的进给量、冷却方式等。主要参数选项的含义如下。

- 【XY 粗铣步进】：粗加工时在 XY 轴方向的步距进给量，按刀具直径的百分比设置该步距量。
- 【XY 精修步进】：精加工时在 XY 轴方向的步距进给量，按刀具直径的百分比设置该步距量。
- 【Z 向粗铣步进】：粗加工时在 Z 轴方向的步距进给量，按刀具直径的百分比设置该步距量。
- 【Z 向精修步进】：精加工时在 Z 轴方向的步距进给量，按刀具直径的百分比设置该步距量。
- 【中心直径】：精加工时，在刀轴的方向(Z 方向)每次进给量。
- 【直径补正号码】：此号为使用 G41、G42 语句在机床控制器补正时，设置在数控机床中的刀具半径补偿器的号码。
- 【刀长补正号码】：用于在机床补偿器补正时，设置在数控机床中的刀具长度补偿器号码。
- 【进给率】：用于控制刀具进给的速度。
- 【下刀速率】：用于控制刀具快速趋近工件的速度。
- 【提刀速率】：用于控制刀具快速提刀返回的速度。
- 【刀刃数】：用该参数来计算进给率。
- 【主轴旋转方向】：有顺时针和逆时针两种。
- Coolant... ：加工时的冷却方式，需机床功能支持，单击该按钮时，打开如图 5-11 所示的冷却方式对话框。

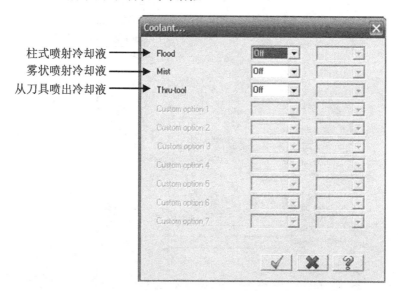

图 5-11　冷却方式对话框

5.3　操作管理器

在 Mastercam X 界面的左边是操作管理器，其隐藏和显示可以通过选择【视图】→【切换操作管理】命令来进行。操作管理器的【刀具路径】管理如图 5-2 所示，包括【刀具路径】、【实体】两个选项卡。选择【刀具路径】选项卡，加工零件过程中产生的所有刀具路径都将显示在操作管理器中。使用操作管理器，可以对刀具路径进行产生、编辑、重新计算刀具路径等综合管理，同时还可以进行仿真模拟、后处理等操作，控件如图 5-12 所示。

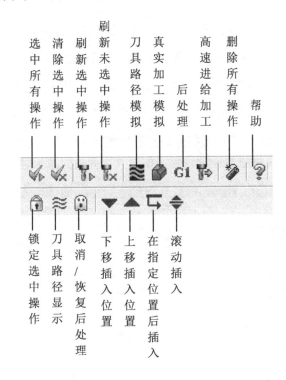

图 5-12　刀具路径操作管理器控件

5.4　仿真模拟与后处理

5.4.1　刀具路径模拟

刀路就是刀具路径，指的是刀尖运动的轨迹。例如，立式铣刀的刀尖指的是刀具中轴线的尖端位置。对刀具路径的模拟可以在机床加工前检验刀具路径是否有误，以避免撞刀等。

在操作管理器中选择一个或几个操作，单击【刀路模拟】按钮 ≋，模拟指定的操作。

(1)　打开如图 5-13 所示的【刀路模拟】对话框。对话框中的各个选项可以对刀具路径模拟的各项参数进行设置，同时在绘图区上方出现刀路控制条，用户可以在绘图区中看到刀路模拟的过程。

在如图 5-13 所示的【刀路模拟】对话框中，其控件的含义如下。

图 5-13　【刀路模拟】对话框

- ：显示颜色编号。该控件选中时，用各种颜色显示刀具路径。

- ：显示刀具。该控件选中时，在刀路模拟过程中显示出刀具。

- ：显示刀头。该控件选中时，在刀路模拟过程中显示出刀具的夹头。

- ：显示快速进给。该控件选中时，刀路模拟过程中将显示快速位移路径。

- ：显示端点。该控件选中时，刀路模拟过程中将显示其节点位置。

- ：快速校验。该控件选中时，对刀路模拟路径涂色进行快速校验。

- ：选项按钮。单击此按钮时，打开如图 5-14 所示的【刀具路径模拟选项】对话框，在其中可以进行选项设置，如刀具、夹头的显示等。

图 5-14　【刀具路径模拟选项】对话框

(2) 刀路模拟控制。

单击【刀路模拟】按钮 后，除了打开如图 5-13 所示的【刀路模拟】对话框外，同时在绘图区上方出现如图 5-15 所示的刀路模拟控制条，用户可以在绘图区中看到刀路模拟加工的过程。

图 5-15　刀路模拟控制条

图 5-15 中的控制条各按钮功能如下。

- ▶：开始按钮。
- ■：停止按钮。 
- ◄◄：跳返按钮。 
- ◄◄：跳退按钮。 
- ▶▶：步进按钮。 
- ▶▶▶：跳进按钮。 
- ⟋：跟踪模式。 
- ⟋：执行模式。
- 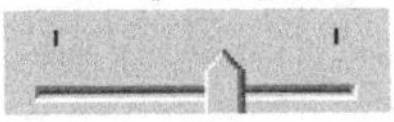 ：运行速度按钮。
-  ：显示位置移动。
-  ：设置暂停条件按钮。单击该按钮，打开如图 5-16 所示的【暂停设定】对话框。该对话框可以设置在某步加工、操作步数暂停，也可以设置暂停点等，以便于观察模拟加工过程。

图 5-16　【暂停设定】对话框

5.4.2　仿真加工

在操作管理器中选择一个或几个操作，单击【模拟加工】按钮，打开如图 5-17 所示的【实体切削验证】对话框，可以控制仿真过程。

图 5-17　【实体切削验证】对话框

在如图 5-17 所示的对话框中，其各个功能按钮的含义如下。

- ：重新开始按钮。

- ：持续执行按钮。

- ：手动控制按钮。

- ：快速进给按钮。

- ：最终结果按钮。

- ：模拟刀具按钮。

- ：模拟刀具和夹头按钮。

- ：速度质量滑动条。用于提高仿真速度降低仿真质量或提高仿真
质量降低仿真速度。

- ：加工模拟速度滑动条。拖动滑动条可以设置快慢。

- ：参数设定。单击此按钮，打开如图 5-18 所示的【验证选项】对话框。该对
话框用来设置加工模拟中工件、刀具等参数。

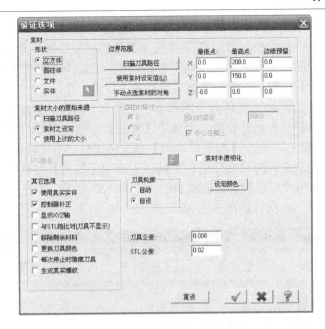

图 5-18 【验证选项】对话框

5.4.3   后处理

1. 后处理的定义

数控机床的所有运动和操作是执行特定的数控指令的结果，完成一个零件的数控加工一般需要连续执行一连串的数控指令，即数控程序。手工编程方法根据零件的加工要求与所选数控机床的数控指令集编写数控程序，直接手工输入到数控机床系统，这种方法对于简单二维零件的加工是非常有效的，一般熟练的数控机床操作者根据工艺要求便能完成。自动编程方法则不同，经过刀具轨迹计算产生的是刀位源文件(Cutter Location Source File，CLF)，而不是数控程序。因此需要设法把刀位源文件转换成特定机床能执行的数控程序，输入数控机床的数控系统，才能进行零件的数控加工。把刀位源文件转换成特定机床能执行的数控程序的过程称为后处理(Post Processing)。

2. 后处理的原则

后处理的原则是解释执行，即每读出源文件中一个完整的记录行，便分析该记录的类型，根据记录类型确定进行坐标变换还是文件代码转换，然后根据所选择的数控机床进行坐标变换或文件代码转换。生成一个完整的数控程序段，并写到数控程序文件中，直到刀位源文件结束。

3. 后处理的操作

在操作管理器中单击【后处理】按钮 **G1**，打开如图 5-19 所示的【后处理程式】对话框。

图 5-19 【后处理程式】对话框

首先需要根据用户的加工数控铣床选择后处理器，系统默认的后处理器是
MPFAN.PST(日本 FANUC 控制器)，若需要使用其他的后处理器，可以单击【更改后处理
程式】按钮，在打开的【读取具体文件名】对话框中，选取与用户数控系统相对应的后处
理器后，单击【打开】按钮，系统启用该后处理器进行后处理。

用户还可以通过设置 NCI 文件命令组和 NC 文件命令组中的各参数来对后处理过程中
生成的 NCI 文件和 NC 文件进行设置。当选中【覆盖】单选按钮时，系统自动对原 NCI 文
件和 NC 文件进行更新；当选中【覆盖前询问】单选按钮时，系统将提示用户输入文件名，
若文件已存在，则提示是否对该文件进行更新；当选中【编辑】复选框时，系统将直接打
开文件编辑器，这时用户可以查看和编辑 NCI 文件和 NC 文件。后处理生成的 NCI 文件如
图 5-20 所示，生成的 NC 文件如图 5-21 所示。

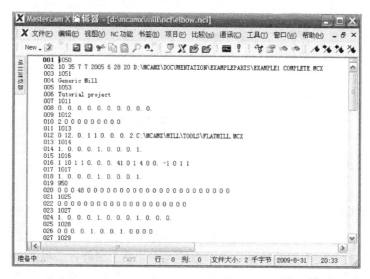

图 5-20　后处理生成的 NCI 文件

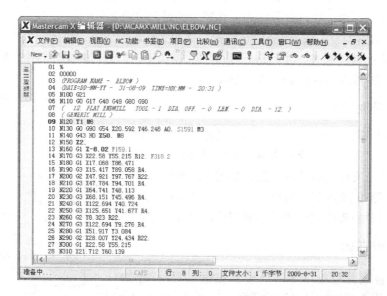

图 5-21　后处理生成的 NC 文件

在如图 5-19 所示的【后处理程式】对话框中，选中【将 NC 程式传输至】复选框后，单击 <u>M 传输参数</u> 按钮，进入【传输参数】对话框，如图 5-22 所示，在该对话框中可对传输 NC 文件的通信参数进行设置。

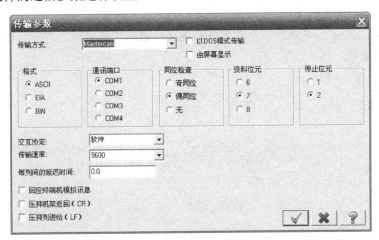

图 5-22　【传输参数】对话框

本 章 小 结

本章介绍了 Mastercam X 的 CAM 数控加工基础和加工模块设置，包括机床设置、刀具路径管理、操作管理和仿真模拟与后处理等。通过加工基础知识的讲解和加工基本设置的操作，使读者对数控加工的基本流程有一个深入的了解。

思考与习题

1. 选择题

(1) 刀具补正时，刀具沿加工方向向左偏移一个刀具半径是(　　)。

　　A. 右刀补　　　　　B. 左刀补　　　　　C. 磨损补正

(2) 在挖槽铣削加工时，(　　)凹槽是刀具在一个方向旋转相对于工作台移动相同的方向。

　　A. 顺铣　　　　　B. 逆铣　　　　　C. 左刀补　　　　　D. 右刀补

2. 思考题

(1) Mastercam X 的机床设备种类主要有几类？

(2) 一般的数控铣床有几个控制轴？

(3) 操作管理可以进行哪些选项的操作？

3. 操作题

(1) 创建一个切削系统，在其中设置工件、材料以及刀具等。

(2) 已知一个毛坯为 100mm×80mm×60mm 的长方体，试完成工件的设置，其中工作原点在长方体的底面的几何中心。

(3) 在 Matercam X 中选择一个已有的示例文件进行刀路编辑、刀具路径模拟、仿真加工和后处理等练习。

第6章 二维加工

二维加工是生产实践中使用最多的一种加工方式，二维加工所产生的刀具路径在切削深度方向上是不变的。在铣削加工中，在进入下一层加工时 Z 轴才单独进行动作，实际加工是靠 X、Y 两轴联动实现的。本章主要讲解 Mastercam X 中二维铣削加工最常用到的外形铣削、挖槽加工、钻孔、面铣削以及雕刻加工。

6.1 外形铣削

外形铣削通常用于加工二维或三维工件的外形轮廓，下面讲述生产外形铣削加工刀具路径的具体步骤和方法。

6.1.1 案例介绍及知识要点

利用第 6 章的源文件"6-1.MCX"，对图 6-1(a)所示轮廓进行外形铣削，结果如图 6-1(b)所示。

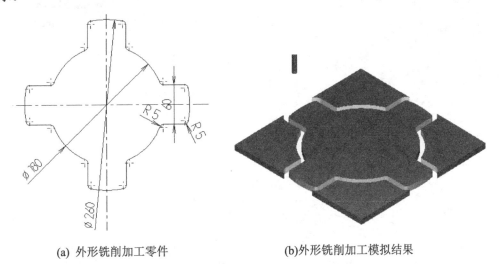

(a) 外形铣削加工零件　　　　　　　　　(b)外形铣削加工模拟结果

图 6-1　外形铣削

【知识要点】

- 外形铣削加工的基本步骤。
- 外形铣削加工方法的参数设置。

6.1.2 工艺流程分析

首先需要挑选一台机床，针对本例的外形铣削加工，直接选择【机床类型】→【铣削】

→【默认】命令,即选择系统默认的铣床来进行加工。毛坯的 X、Y 向尺寸可以通过边界盒作适当的延伸获得,并将毛坯厚度设置为 10mm,材料选择为铝材。刀具选用外形铣削常用的端铣刀,并进一步对刀具参数和外形铣削参数进行合理的设置。

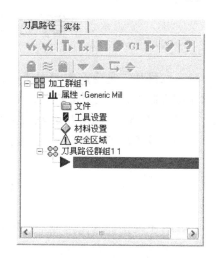

图 6-2　操作管理器

6.1.3　操作步骤

(1) 执行【文件】→【打开】命令,打开第 6 章的源文件"6-1.MCX"。接着选择【机床类型】→【铣削】→【默认】命令,选择系统默认的铣床来进行加工。如图 6-2 所示为操作管理器。

(2) 毛坯设置。单击如图 6-2 所示的【材料设置】选项,进行如图 6-3 所示的参数设置。或者单击 边界盒(B) 按钮,如图 6-4 所示,选取工件的 X 向延长 5mm,Y 向延长 5mm,单击确认按钮 ✔ 完成毛坯的设置。

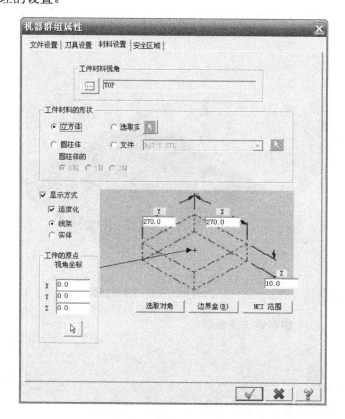

图 6-3　工件毛坯设置

图 6-4　边界盒选项

(3) 材质设置。选取材质为 ALUMINUM mm – 2024,如图 6-5 所示。

(4) 选取刀具路径。选择【刀具路径】→【外形铣削】命令,串连选取如图 6-6 所示的外形铣削路径。

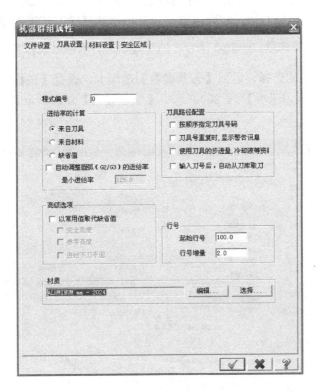

图 6-5 选取材质

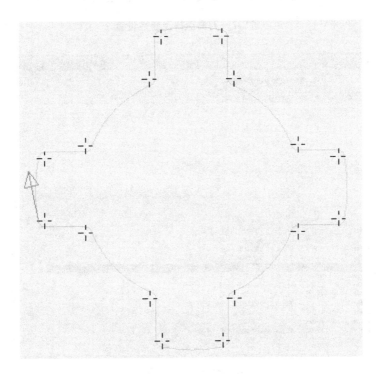

图 6-6 选取的铣削路径

(5) 选取刀具并进行参数设置。确定选取的外形后，系统弹出如图 6-7 所示【外形(2D)】对话框。在刀具栏空白处右击，在弹出的快捷菜单中选择【刀具管理器】命令，系统弹出如图 6-8 所示的刀具管理器，选取直径为 8 的平底铣刀，单击加入按钮 ⬆️，单击确认按钮 ✓ 完成刀具的选择。返回【刀具参数】选项卡，设置【进给率】为 300，【主轴转速】为 1000，【下刀速率】为 200，选中【快速提刀】复选框，其余参数设置如图 6-9 所示。

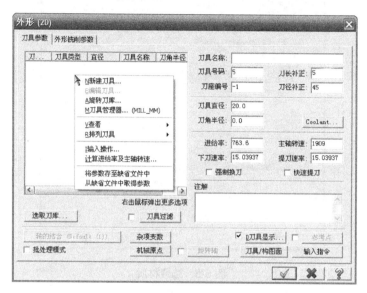

图 6-7　刀具选择及参数设置

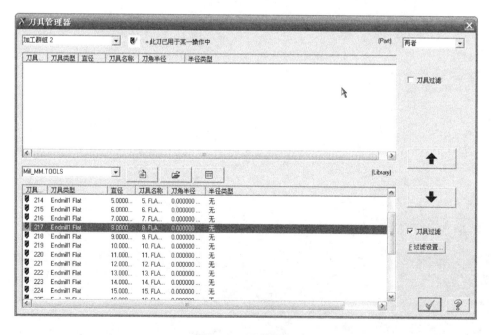

图 6-8　刀具管理器

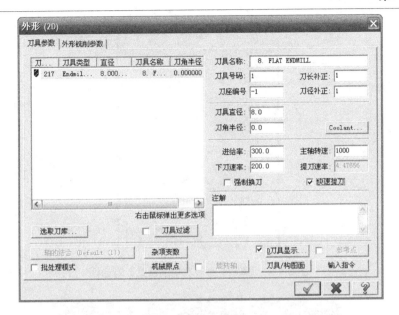

图 6-9　刀具参数设置

（6）外形铣削参数设置。单击如图 6-9 所示的【外形铣削参数】标签，打开如图 6-10 所示的【外形铣削参数】选项卡。设置【参考高度】为 50，【进给下刀位置】为 3，【工件表面】为 0，切削深度到-10，【补正方向】为【左】，【补正形式】为【电脑】。单击 U平面多次铣削 按钮，打开如图 6-11 所示的【XY 平面多次切削设置】对话框，分别设置粗切和精修的次数和间距，不提刀。单击 P分层铣深... 按钮，打开如图 6-12 所示的【深度分层切削设置】对话框，设置【最大粗切步进量】为 2mm，按轮廓顺序分层铣深，选中【不提刀】复选框。

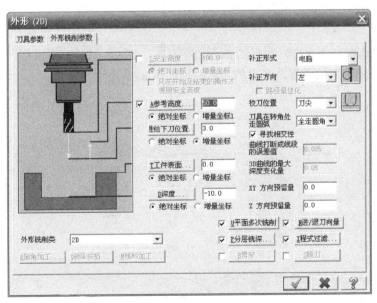

图 6-10　外形铣削参数设置

图 6-11 【XY 平面多次切削设置】对话框

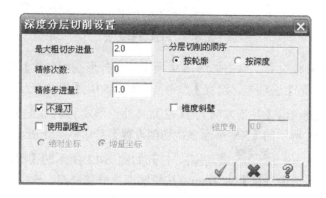

图 6-12 【深度分层切削设置】对话框

(7) 继续选中如图 6-10 所示的 ╚进/退刀向量 、 工程式过滤... 复选框，单击确认按钮 ╳ ，完成外形参数的设置，产生的刀具路径如图 6-13 所示。

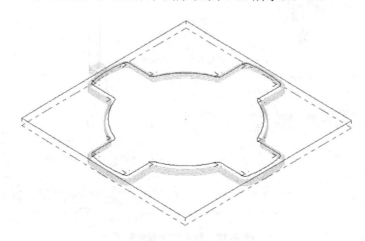

图 6-13 产生的刀具路径

(8) 模拟刀具路径。单击操作管理器中的【刀路模拟】按钮 ≋，打开【刀路模拟】对话框，单击刀路模拟控制条中的 ▶ 按钮进行模拟。模拟效果如图 6-14 所示。

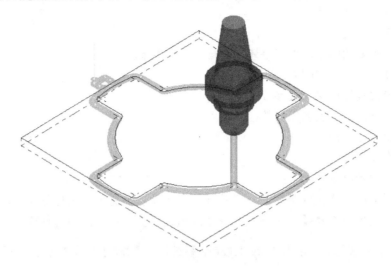

图 6-14　模拟刀具路径

(9) 加工模拟。单击操作管理器中的【模拟加工】按钮 ◈，打开【实体切削验证】对话框。单击【执行】按钮 ▶，其仿真结果如图 6-15 所示。

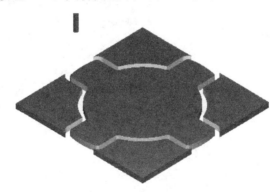

图 6-15　加工模拟

(10) 选择菜单栏中的【文件】→【保存】命令，以文件名"6-1-complete"保存文件。

6.1.4　案例技巧点评

本例中最重要的步骤是为零件设计合理的毛坯，步骤(2)通过单击 ▭边界盒(B) 按钮，选取工件的 X 向延长 5mm、Y 向延长 5mm 来确定毛坯的大小。步骤(6)中平面多次铣削和分层铣削参数的设置也是需要特别注意的地方。

6.1.5 知识总结

外形铣削的基本步骤如下：

(1) 创建基本图形。

(2) 选择需要的机床，设置毛坯、材料等工作参数。

(3) 新建一个外形铣削刀具路径。

(4) 选择刀具并设置刀具参数。

(5) 设置外形铣削的加工参数。

(6) 效验刀具路径。

(7) 真实加工模拟。

外形铣削的参数设置如下：

在菜单栏中选择【机床类型】→【铣削】→【默认】命令，在操作管理器中出现加工群组。然后在菜单中选择【加工路径】→【外形铣削】命令，出现几何模型串连选项，选取需要加工的几何模型后，单击 按钮，系统打开【外形(2D)】对话框，如图 6-16 所示。

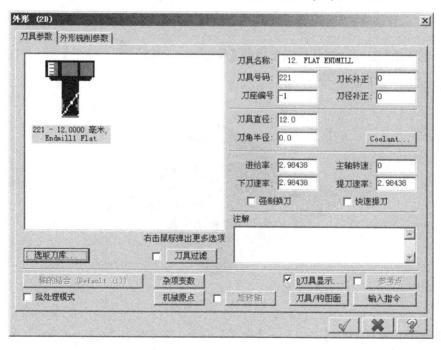

图 6-16 【外形(2D)】对话框

1. 选择刀具

每种加工模组都需要设置一组刀具参数，可以在【刀具参数】选项卡中进行设置。如果已设置了刀具，系统将在对话框中显示出刀具列表，可以直接在刀具列表中选择已设置的刀具。如列表中没有设置刀具，可在刀具列表中右击，通过弹出的快捷菜单打开刀具对话框以添加新的刀具。

要根据实际加工需要选择相应的刀具，考虑切削量、切削深度、零件材料、冷却条件等相关因素。对于外形铣削一般选择三刃或三刃以上的平刀，如图 6-16 所示选择的是一把 12 mm 的平刀——12.0000 mm Endmill Flat。

在【外形(2D)】对话框，选择【外形铣削参数】选项卡，如图 6-17 所示。

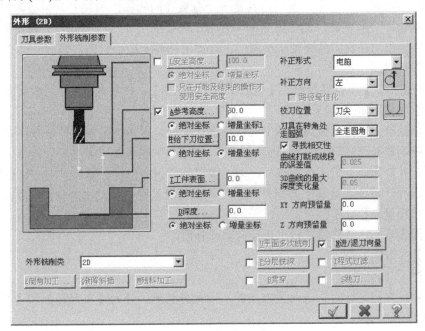

图 6-17 【外形铣削参数】选项卡

2. 加工高度的各种参数设置

Mastercam 铣削的各加工模组的参数设置中均包含高度参数的设置。高度参数包括安全高度、参考高度、进给下刀位置、工件表面和切削深度。且每个高度值都可用绝对坐标或相对坐标输入，笔者推荐用绝对坐标进行输入，因为这样都相对同一个 0 点，不容易出错。

1) 安全高度

安全高度指的是刀具开始加工和加工结束后返回到机械原点前所停留的高度位置。选中该复选框后，可以采用绝对坐标和相对坐标设置。在此高度之上，刀具可以作任意水平的移动，而不会与工件或夹具发生碰撞。

2) 参考高度

参考高度又叫退刀高度，指的是在下一个刀具路径之前刀具回退的位置，退刀高度的设置应低于安全高度并高于进给下刀位置。

3) 进给下刀位置

进给下刀位置指的是当刀具在按进给之前快速进给到的高度。即刀具从安全高度或参考高度快速进给到此高度，变为进给速度再继续下降。

4) 工件表面

工件表面指的是工件上表面的高度值。

5) 切削深度

切削深度指的是最后的加工深度。

3. 刀具补偿的参数设置

刀具补偿也叫刀具补正，因为刀具是一个有直径的物体，如果刀具中心和需加工的轮廓外形线重合，一般来说，加工出来的零件会比需要的尺寸小，因此有必要对刀具半径补偿。刀具补偿指的是将刀具路径从选取的工件加工边界上按指定方向偏移一定的距离。

1) 补正形式

在【补正形式】下拉菜单中有【电脑】、【控制器】、【两者】、【两者反向】和【关】等补正类型选项，如图 6-18 所示。

- 电脑补正：直接按照刀具中心轨迹进行编程，程序中无补偿指令 G41 或 G42。
- 控制器补正：按照零件轨迹进行编程，在需要的位置加入刀具补偿指令 G41 或 G42 及补偿代码。机床执行该程序时，根据补偿指令自行计算刀具中心轨迹线。
- 两者：该选项是属于磨损补偿，刀具在使用过程中会发生磨损，补偿量由设置的磨损量进行补偿。
- 两者反向：该选项是指进行反向磨损补偿。
- 关：取消补偿。

2) 补正方向

刀具补正方向是针对轨迹前进方向的不同来分类的，分为【左刀补】和【右刀补】，如图 6-19 所示。

- 左刀补：刀具沿加工方向向左偏移一个刀具半径。
- 右刀补：刀具沿加工方向向右偏移一个刀具半径。

图 6-18　补正形式　　　　图 6-19　补正方向

注意，刀补的方向是相对于加工方向而言的，加工方向变化的时候，左右位置也相应变化。

3) 校刀位置

上面介绍的是刀具在 XY 平面内的补偿方式，还可以在【校刀位置】下拉菜单中设置刀具在 Z 轴方向的补偿方式。如图 6-20 所示，有【刀尖】和【球心】两种补偿。

- 【刀尖】：校正位置为球头刀球头的刀尖。
- 【球心】：校正位置为球头刀球头的中心。

4) 刀具在转角处走圆弧

在【刀具在转角处走圆弧】下拉菜单中可选择在转角处刀具路径的处理方式。有 3 种走刀方式，如图 6-21 所示。

- 【不走圆角】：转角处不采用圆弧过渡。
- 【<135 度走】：当转角小于 135° 时采用弧形刀具路径。

● 【全走圆角】：在所有的转角处均采用弧形刀具路径。

图 6-20　校正位置　　　　　　　　　图 6-21　刀具在转角处走圆弧

4. 预留量

在实际加工中，一次性实现刀要求尺寸是不太可能的，即使可能加工出来，那样加工出来的零件尺寸精度和表面粗糙度都很差。因此，绝大部分加工都分为粗加工和精加工。所以，在切削的时候，为了达到精度的要求，要给精加工预留一定的留料量。毛坯留料量参数就是命令系统给精加工留有一定的余量。

毛坯的预留量的输入与计算机的补正有关，当输入毛坯的预留量为正值的时候，系统按照计算机的参数补正，给精加工一定的预留量。若输入为负值时，系统补正铣刀在相反的方向按计算机参数补正，这时是过切加工。若【补正形式】设为【关】，系统将忽略毛坯预留量的设置。

● XY 方向预留量：XY 轴方向的留料量(一般设为 0.1～0.5mm)。
● Z 方向预留量：Z 轴方向的留料量(一般设为 0.1～0.5mm)。

5. 加工类型

外形铣削模组可以选择不同的加工类型，在【外形铣削类】下拉菜单中可选择，如图 6-22 所示，包括【2D】、【2D 倒角】、【斜线渐降加工】和【残料加工】选项。

图 6-22　加工类型选项

1)　2D(二维外形铣削加工)

进行二维外形铣削加工时，刀具路径的铣削深度是相同的，其最后切削深度 Z 轴坐标值为铣削深度值。

2)　2D 倒角

该加工一般安排在外形铣削加工完成后，用于加工的刀具必须选择 Chfr Mill(成型铣刀)。

用于倒角操作时，角度由刀具决定，倒角的宽度可以通过单击 倒角加工 ... 按钮，在打开的对话框中进行设置，如图 6-23 所示。

3)　斜线渐降加工

当串连图形是二维曲线时，会用到螺旋式加工，一般是用来加工铣削深度较大的外形。在进行螺旋式外形加工时，可以选择不同的走刀方式。单击 渐降斜插 ... 按钮，打开如图 6-24 所示的【外形铣削的渐降斜插】对话框，这里共提供了 3 种走刀方式，当选中【角度】或【深度】单选按钮时，都为斜线走刀方式；而选中【垂直下刀】单选按钮时，刀具先进到设置的铣削层的深度，然后在 XY 平面移动。对于【角度】和【深度】选项，定义刀具路径与 XY 平面的夹角方式各不相同，【角度】选项直接采用设置的角度，而【深度】选项则设置每一层铣削的斜插深度。

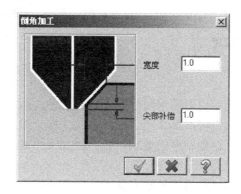

图 6-23　【倒角加工】对话框

4) 残料加工

残料加工也是当串连图形是二维曲线时才会用到的，一般用于铣削在上一次外形铣削加工后留有的残余材料。为了提高加工速度，当铣削加工的铣削量较大时，可以采用大尺寸刀具和大进刀量，接着采用残料加工来得到最终的光滑外形。由于采用大直径的刀具时，在转角处材料不能被铣削或以前加工中预留的部分形成残料，此时可以通过单击残料加工按钮，打开如图 6-25 所示的【外形铣削的残料加工】对话框，进行残料加工的参数设置。

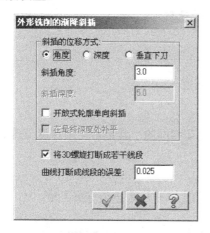

图 6-24　【外形铣削的渐降斜插】对话框

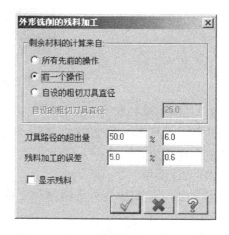

图 6-25　【外形铣削的残料加工】对话框

6. 平面多次铣削

在 X、Y 轴方向，若切削余量较大，可考虑采用多次切削。例如切削量为 15mm，可先进行 3 次粗加工，每刀切 5mm，最后留 0.2mm，然后再进行一次精加工。

选中平面多次铣削按钮前的复选框后，单击该按钮，出现如图 6-26 所示的【XY 平面多次切削设置】对话框。

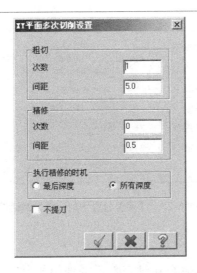

图 6-26 【XY 平面多次切削设置】对话框

1) 【粗切】
- 【次数】：刀具粗加工的次数，设置为 0 时表示不进行粗加工。
- 【间距】：该值表示每次粗加工切削的量，粗加工总切削量等于间距乘以粗加工的次数。

2) 【精修】
- 【次数】：刀具精加工的次数，设置为 0 时表示不进行精加工。
- 【间距】：该值表示每次精加工切削的量，精加工总切削量等于精加工间距乘以精加工次数。

3) 【执行精修的时机】
- 【最后深度】：加工到最后外形铣削深度时再进行精加工。
- 【所有深度】：每次粗加工深度后都执行精加工。

4) 【不提刀】
该复选框设置在每次粗加工深度后是否退回到退刀高度再下降进刀，选择该选项则不退刀。

7. 分层铣削

铣削的厚度较大时，可以采用分层铣削。选中 P分层铣深… 按钮前的复选框后，单击该按钮，打开如图 6-27 所示的【深度分层切削设置】对话框。

- 【最大粗切步进量】：用于输入在粗加工时的最大进刀量。
- 【精修次数】：用于输入精加工的次数。
- 【精修步进量】：用于输入在精切削时的最大进刀量。
- 【不提刀】：此复选框用于设置刀具在每一层切削后，是否回到下刀位置的高度。
- 【使用副程式】：此复选框用于设置在 NC 文件中是否生成子程序。
- 【分层切削的顺序】：此选项组用于设置深度铣削的顺序。
- 【锥度斜壁】：选中此复选框，在【锥度角】文本框中输入一个角度值，则以此倾斜角度从工件表面铣削到最后深度，加工出来的外形侧面为一个斜面。

图 6-27 【深度分层切削设置】对话框

8. 贯穿

贯穿操作可以设置刀具完全穿过工件后的伸出长度，以便于清除加工余量。单击 贯穿... 按钮，可打开如图 6-28 所示的【贯穿参数】对话框。

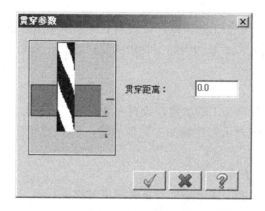

图 6-28 【贯穿参数】对话框

9. 进/退刀向量

刀具切入和切出材料时，由于切削力突然变化，将会产生振动而留下刀痕。因此，在进刀和退刀时，Mastercam 可以自动地添加一段隐线和圆弧，使之与轮廓光滑过渡，从而避免振动，提高加工质量。而且在实际加工中，往往把刀具路径两端进行一定的延长，这样能获得更好的加工效果。

选中 进/退刀向量 按钮前的复选框后单击该按钮，打开如图 6-29 所示的【进/退刀向量设置】对话框。

一个封闭的外形铣削，会在进/退刀处留下接痕。【重叠量】选项应用于一个封闭的外形铣削的退出端点。在退出刀具路径前，刀具超过刀具路径的终点这样一个距离，再加工这样一个距离，以消除接刀痕。在文本框内输入一个重叠距离。

在如图 6-29 所示的对话框中，可以进行进/退刀的设置，由于其设置都是类似的，这里只介绍进刀的设置。

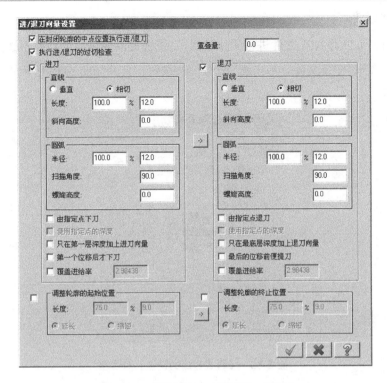

图 6-29 【进/退刀向量设置】对话框

在外形铣削前添加一段进刀刀具路径，该进刀刀具路径由一段直线刀具路径和一段圆弧刀具路径组成。选择【进刀】，可以设置下列选项。若【补正形式】处于【关】的状态，系统就不能输出直线和圆弧。

- 【直线】：设置直线进刀刀具路径。
  - ◆ 【垂直】：设置进刀刀具路径垂直于切削方向。
  - ◆ 【相切】：设置进刀刀具路径相切于切削方向。
  - ◆ 【长度】：设置进刀刀具路径的长度，设置该值为 0 时无进刀刀具路径。
  - ◆ 【斜向高度】：增加一个深度至进刀刀具路径，设置该值为 0 时，无渐升或渐降高度。
- 【圆弧】：设置圆弧进刀刀具路径。
  - ◆ 【半径】：定义进刀圆弧的半径，进刀圆弧总是相切于刀具路径，设置该值为 0 时，无进刀圆弧。
  - ◆ 【扫描角度】：设置进刀圆弧扫掠的角度。
  - ◆ 【螺旋高度】：设置螺旋状圆弧的进刀高度，设置该值为 0 时，无螺旋高度。
- 【由指定点下刀】：对任何进刀线/弧设置起点，在外形串连作为进刀点前，系统使用最后串连的点。
- 【使用指定点的深度】：在进刀点的深度处开始进刀移动。
- 【只在第一层深度加上进刀向量】：增加进刀移动只在第一次切削开始进行切削。

10. 程式过滤

Mastercam 可以对 NCI 文件进行程序过滤，系统通过清除重复的点和不必要的刀具移动路径来优化和简化 NCI 文件。单击 [I程式过滤...] 按钮，打开如图 6-30 所示的【程式过滤的设置】对话框。

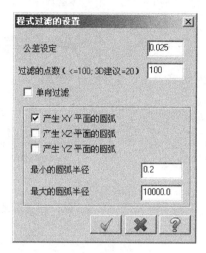

图 6-30 【程式过滤的设置】对话框

1) 公差设定

【公差设定】文本框用于输入在进行操作过滤时的误差值。当刀具路径中的某点与直线或圆弧的距离小于或等于该误差值时，系统将自动去除到该点的刀具移动。

2) 过滤的点数

【过滤的点数】文本框用于输入每次过滤时可删除的点的最大数值，其取值范围为 3～1000。因为数值越大，过滤速度越快，但优化效果就越差。若数值太小，优化效果虽好，但过滤速度慢。在 2D 平面建议取小于 100 点，在 3D 空间建议取 20 点左右。

3) 优化类型

当选中【产生 XY 平面的圆弧】复选框时，用圆弧代替直线来调整刀具路径；当未选中该复选框时，去除刀具路径中的重复点后用直线来调整刀具路径。选中【产生 XZ 平面的圆弧】、【产生 YZ 平面的圆弧】复选框时亦如此。

11. 跳刀设置

在加工时，可以指定刀具在一定阶段脱离加工面一段距离，以形成一个"台阶"，有些时候这是非常有用的一种功能，例如在加工路径中有一段凸台需要越过。单击 [S跳刀...] 按钮，打开如图 6-31 所示的【跳跃切削参数】对话框，这里只对几个重要参数进行说明。

- 【全部避开】：当整个加工面都需要加高时，选此项。
- 【局部避开】：当需要间歇性抬高时，选此项。
- 【跳刀的位置】：可以根据需要选择【手动】或【自动】。

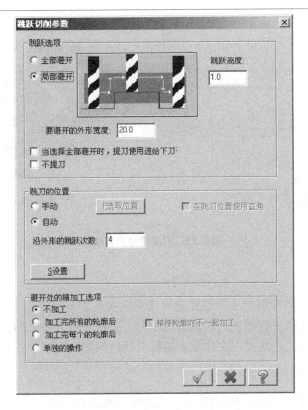

图 6-31 【跳跃切削参数】对话框

这里需要注意的是，跳刀功能只有在外形铣削类型为 2D、2D 倒角时才可用，而在斜线渐降加工和残料加工时不可用。

6.1.6 实战练习

打开第 6 章中的源文件"6-1-practice"，如图 6-32 所示。对图 6-32 所示轮廓进行外形铣削，结果如图 6-33 所示。

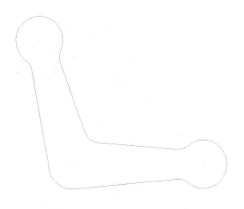

图 6-32 外形铣削零件图形

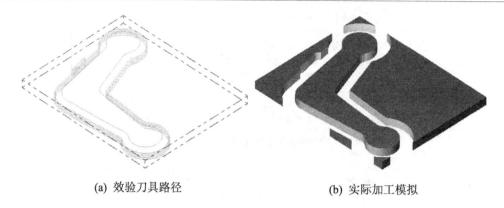

(a) 效验刀具路径   (b) 实际加工模拟

图 6-33　刀具路径仿真效果

【建模分析】

针对本例的多曲面铣削加工，直接选择【机床类型】→【铣削】→【默认】命令，即选择系统默认的铣床来进行加工。刀具选用球刀，并进一步对多轴加工参数和多曲面 5 轴参数进行合理的设置，毛坯可在实体加工模拟对话框的配置选项中进行设置。

【操作步骤提示】

(1) 打开源文件"6-1-practice.MCX"，选择铣削加工机床，设置毛坯参数，如图 6-34所示。

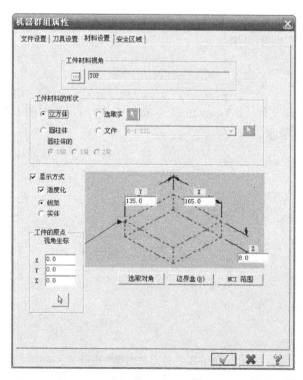

图 6-34　毛坯设置

(2) 新建刀具路径，选择刀具并设置刀具参数和外形铣削参数，如图 6-35～图 6-38 所示。

(3) 效验刀具路径并进行真实加工模拟，结果如图 6-33 所示。

(4) 以文件名"6-1-practice-complete"保存文件。

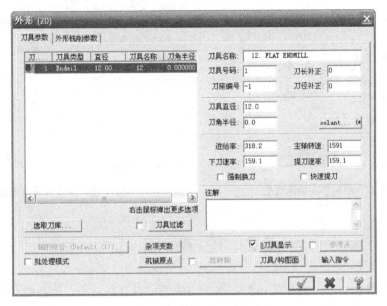

图 6-35　刀具参数设置

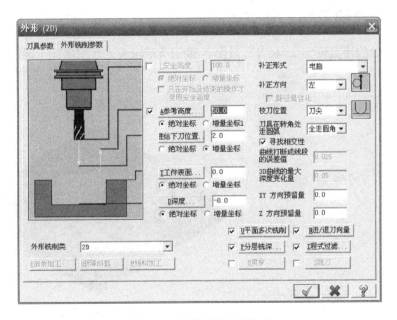

图 6-36　外形铣削参数设置

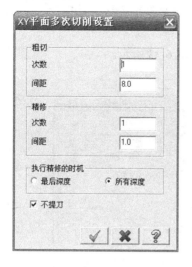

图 6-37　平面多次切削设置

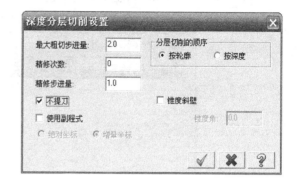

图 6-38　深度分层切削设置

6.2　挖 槽 加 工

挖槽加工是加工一个封闭的内腔，这个内腔还可以存在岛屿，但岛屿必须在同一个构图平面内。下面以实例介绍挖槽加工的参数设置方法。

6.2.1　案例介绍及知识要点

利用第 6 章的源文件"6-2.MCX"，对图 6-39(a)所示轮廓进行挖槽加工，结果如图 6-39(b)所示。

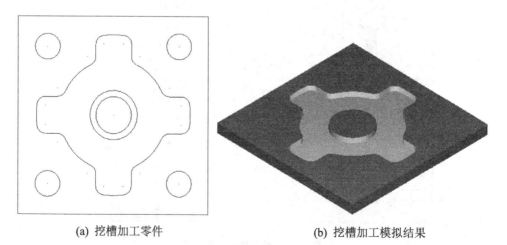

(a) 挖槽加工零件　　　　　　　　　　(b) 挖槽加工模拟结果

图 6-39　挖槽加工

【知识要点】
- 挖槽加工的基本步骤。
- 挖槽加工方法的参数设置。

6.2.2　工艺流程分析

首先需要挑选一台机床，针对本例的挖槽加工，直接选择【机床类型】→【铣削】→【默认】命令，即选择系统默认的铣床来进行加工。毛坯的 X、Y 向尺寸可以通过边界盒获得，并将毛坯厚度设置为 20mm，材料选择为铝材。刀具选用挖槽铣削常用的端铣刀，并进一步对刀具参数、挖槽加工参数、粗切/精修参数进行合理的设置。

6.2.3　操作步骤

(1) 执行【文件】→【打开】命令，打开第 6 章的源文件"6-2.MCX"。接着选择【机床类型】→【铣削】→【默认】命令，选择系统默认的铣床来进行加工。如图 6-40 所示为操作管理器。

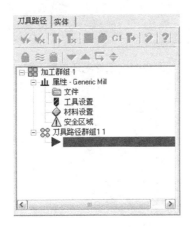

图 6-40　操作管理器

(2) 工件设置。单击图 6-40 中的【材料设置】按钮，打开如图 6-41 所示的参数设置对话框。或者单击 边界盒(B) 按钮，打开的对话框如图 6-42 所示，X、Y 向均不延长。

(3) 材质设置。选取材料为 ALUMINUM mm – 2024，如图 6-43 所示。

(4) 选取刀具路径。选择【刀具路径】→【挖槽加工】命令，串连选取如图 6-44 所示的外形铣削路径。

(5) 选取刀具并进行参数设置。确定选取的挖槽外形后，系统弹出如图 6-45 所示的对话框。在刀具栏空白处右击，在弹出的快捷菜单中，选择【刀具管理器】命令，系统弹出如图 6-46 所示的【刀具管理器】对话框，选取直径为 20 的平底铣刀，单击加入按钮 ，单击确认按钮 完成刀具的选择。返回【刀具参数】选项卡，继续刀具参数的设置，设置【进给率】为 750，【主轴转速】为 2000，【下刀速率】为 300，选中【快速提刀】复选框，其余参数设置如图 6-47 所示。

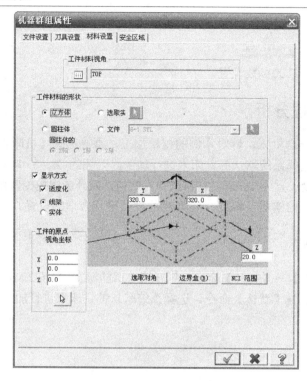

图 6-41　工件毛坯参数设置

图 6-42　边界盒选项

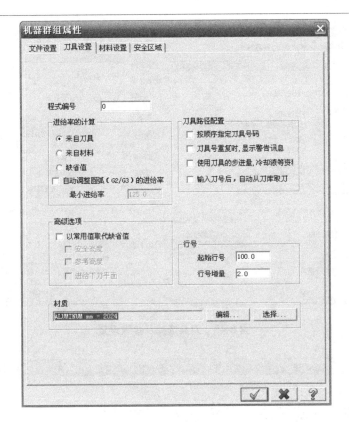

图 6-43　选取材质

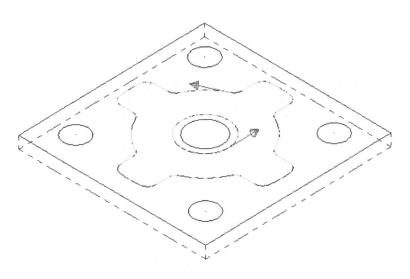

图 6-44　选取的铣削路径

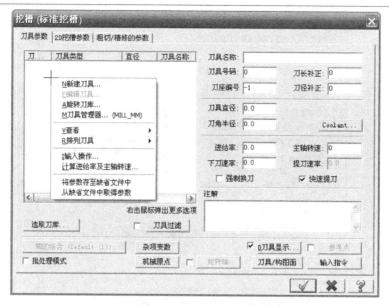

图 6-45　刀具选择及参数设置

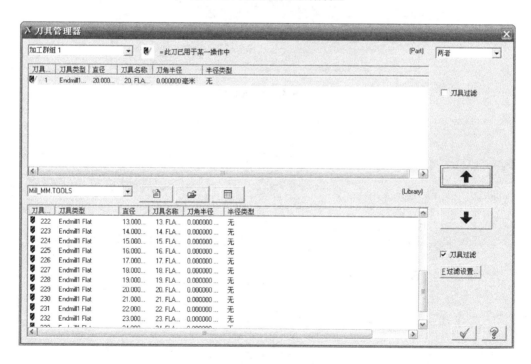

图 6-46　刀具管理器

(6) 外形铣削参数设置。单击如图 6-45 所示的【2D 挖槽参数】标签，打开如图 6-48 所示的【2D 挖槽参数】选项卡。设置【参考高度】为 50，【进给下刀位置】为 3，【工件表面】为 0，切削【深度】到-10，【加工方向】为顺铣。选中【分层铣深】复选框，单击 P分层铣深... 按钮，打开如图 6-49 所示的【分层铣深设置】对话框，设置【最大粗切深度】为 1mm，按区域顺序分层铣深，不提刀。

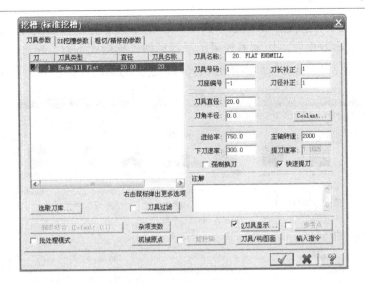

图 6-47　刀具参数设置

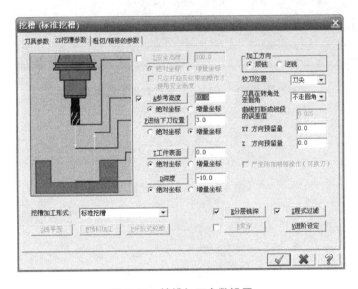

图 6-48　挖槽加工参数设置

图 6-49　【分层铣深设置】对话框

(7) 粗切/精修参数设置。继续选择如图 6-45 所示的【粗切/精修的参数】选项卡，进行如图 6-50 所示的参数设置，切削方式采用平行环切，螺旋式下刀，精修间距设为 1，不提刀。单击确认按钮 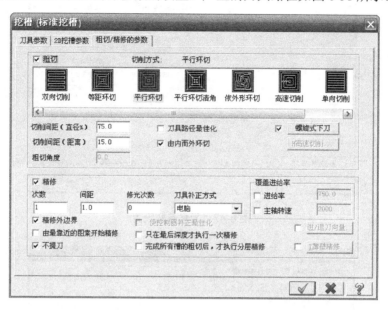 完成外形参数的设置，产生的刀具路径如图 6-51 所示。

图 6-50 【粗切/精修的参数】选项卡

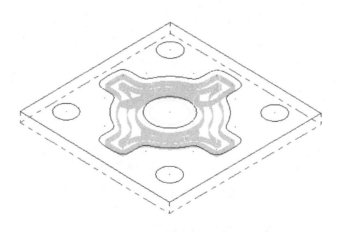

图 6-51 生成的刀具路径

(8) 模拟刀具路径。单击操作管理器中的【刀路模拟】按钮，打开【刀路模拟】对话框，单击刀路模拟控制条中的按钮进行模拟。模拟效果如图 6-52 所示。

(9) 加工模拟。单击操作管理器中的【模拟加工】按钮，打开【实体切削验证】对话框。单击执行按钮，其仿真结果如图 6-53 所示。

(10) 选择菜单栏中的【文件】→【保存】命令，以文件名"6-3-complete"保存文件。

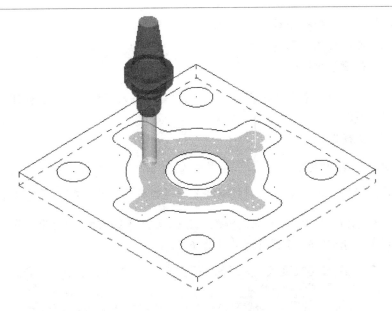

图 6-52   模拟刀具路径

图 6-53   加工模拟

6.2.4   案例技巧点评

本例中挖槽加工刀具路径生成的一般步骤和外形铣削基本相同，主要参数有：刀具参数、挖槽加工参数和粗切/精修参数。步骤(6)中铣削方式选择【顺铣】有利于获得较好的加工性能和表面加工质量；步骤(7)中采用旋转切削中的【平行切削】方式，有利于提高环形槽的加工质量和切削效率。

6.2.5   知识总结

1. 挖槽加工的基本步骤

(1)   创建基本图形。

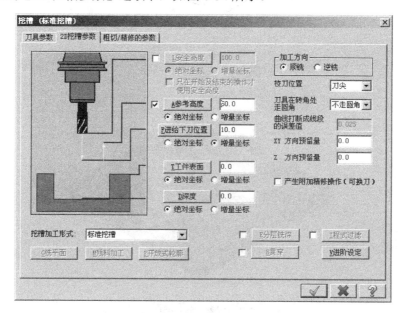

(2) 选择铣床以及挖槽刀具路径命令。

(3) 选择需要挖槽的图形进行串连。

(4) 打开【挖槽】对话框，选择刀具。

(5) 输入挖槽参数，单击确认按钮 ✓ 后系统将刀具路径添加到操作管理器中。

(6) 效验刀具路径。

(7) 真实加工模拟。

2. 挖槽加工的参数设置

当创建好图形后，选择菜单【刀具路径】→【挖槽】命令，打开【挖槽串连选择】对话框。在绘图区选择串连后，单击确认按钮 ✓ 。打开【挖槽】对话框，单击 2D挖槽参数 标签，切换到【2D 挖槽参数】选项卡，如图 6-54 所示。

图 6-54 【2D 挖槽参数】选项卡

1) 加工方向

【加工方向】参数用于设置挖槽加工刀具路径的切削方向，不用于双向粗加工，有两个选项：【顺铣】或【逆铣】。

- 【顺铣】：顺铣凹槽是刀具在一个方向旋转相对于工作台移动相同的方向。

- 【逆铣】：逆铣凹槽是刀具在一个方向旋转相对于工作台移动相反的方向。

2) 产生附加精修操作(可换刀)

该选项在挖槽加工后，增加一个精加工到操作管理器，新的精加工操作使用同样的参数和图形作为原来挖槽刀具路径，但仅用于精加工，任何改变精加工的操作必须在操作管理器中进行修改，系统通常设置该选项为关。

3) 进阶设定

该选项用于设置挖槽加工的附加选项。单击此按钮，打开如图 6-55 所示的【进阶设定】

对话框。

- 【残料加工及等距环切的公差】：重新加工公差和常数重叠螺旋线，一个较小的线性公差，可产生更高的刀具路径精度，但计算刀具路径所需的时间较长。
- 【刀具直径的百分比】：设置公差是用刀具直径的指定百分率。
- 【公差值】：直接设置公差值。
- 【显示等距环切的素材】：选中该复选框，当用一个常数重叠螺旋线的刀具路径时，显示刀具切除的毛坯。

4) 挖槽加工形式

挖槽模组一共有 5 种加工方式，如图 6-56 所示。前 4 种加工方式为封闭串连时的加工方式；当在选择的串连中有未封闭的串连时，则只能选择【开放式轮廓加工】方式。

图 6-55 【进阶设定】对话框

图 6-56 挖槽加工方式

① 标准挖槽。

该选项为采用标准的挖槽方式，即仅铣削定义凹槽内的材料，而不会对边界外或岛屿进行铣削。

② 铣平面。

该选项的功能类似于面铣削模组的功能，在加工过程中只保证加工出选择的表面，而不考虑是否会对边界外或岛屿的材料进行铣削。选择【铣平面】方式后，单击 G铣平面 按钮，可打开如图 6-57 所示的【面加工】对话框。

图 6-57 【面加工】对话框(1)

- 【刀具重叠的百分比】：该选项用于设置在端面加工的刀具路径时的重叠毛坯外部边界或岛屿的刀具路径的量。该选项用于清除端面加工刀具路径的边，用一个刀具直径的百分率来表示。

- 【重叠量】：该选项用于直接输入在端面加工的刀具路径时的重叠毛坯外部边界或岛屿的刀具路径的量，其值等于重叠百分率乘以刀具直径。
- 【进刀引线长度】：该参数用于确定从工件至第一次端面加工的起点的距离，它是输入点的延伸。
- 【退刀引线长度】：该参数用于确定从工件至最后一次端面加工的终点的距离，它是输出点的延伸。

③ 使用岛屿深度。

若岛屿深度与边界不同，可使用该选项。该选项不会对边界外进行铣削，但可以将岛屿铣削至所设置的深度。

选择使用岛屿深度加工方式后，单击 G铣平面 按钮，打开如图 6-58 所示的【面加工】对话框。

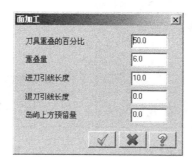

图 6-58　【面加工】对话框(2)

- 【岛屿上方预留量】：该文本框用于输入岛屿的最终加工深度，该值一般要高于凹槽的铣削深度。

④ 残料加工。

该选项用于进行残料挖槽加工，选择【残料加工】方式后，单击 M残料加工 按钮，打开如图 6-59 所示的【挖槽的残料加工】对话框。残料加工是当串连图形是二维曲线时才会用到的，一般用于铣削在上一次外形铣削加工后留下的残余材料。为了提高加工速度，当铣削加工的铣削量较大时，可以采用大尺寸刀具和大进刀量，接着采用残料加工来得到最终的光滑外形。采用大直径的刀具时，在转角处材料不能被铣削或以前加工中预留的部分形成残料。

图 6-59　【挖槽的残料加工】对话框

⑤ 开放式轮廓加工。

当选取的串连中包含有未封闭串连时，只能用【开放式轮廓加工】方式。在采用【开放式轮廓加工】方式时，系统先将未封闭的串连进行封闭处理，然后对封闭后的区域进行挖槽加工。单击 P开放式轮廓 按钮，打开【开放式轮廓挖槽】对话框，如图 6-60 所示。该对话框用于设置封闭串连方式和加工时的走刀方式。

- 【刀具重叠的百分比】和【重叠量】：这两个文本框中的数值是相关的。当其数值设置为 0 时，系统直接用直线连接未封闭串连的两个端点；当设置值大于 0 时，系统将未封闭串连的两个端点连线向外偏移所设置的距离后形成封闭区域。
- 【使用开放轮廓的切削方法】：未选中该复选框时，可以选【粗切/精修的参数】选项卡中的走刀方式。否则采用开放式轮廓挖槽加工的走刀方式。

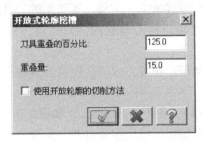

图 6-60 【开放式轮廓挖槽】对话框

5) 粗/精加工挖槽设置

在挖槽加工中加工余量一般比较大，可通过设置粗切/精修加工参数来提高加工精度。在【挖槽】对话框中单击 粗切/精修的参数 标签，打开如图 6-61 所示的【粗切/精修的参数】选项卡。

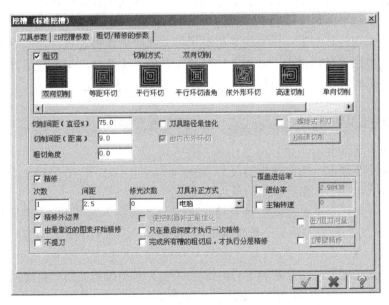

图 6-61 【粗切/精修的参数】选项卡

① 切削方式。

Mastercam X 提供了 8 种粗切削的走刀方式：【双向切削】、【等距环切】、【平行环切】、【平行环切清角】、【依外形环切】、【高速切削】、【单向切削】和【螺旋切削】。

- 【双向切削】：产生一组平行铣削路径并来回都进行切削，切削路径的方向取决于其设置角度。
- 【等距环切】：产生一组螺旋式间距相等的切削路径。
- 【平行环切】：产生一组平行螺旋式切削路径，与等距切削路径基本相同。
- 【平行环切清角】：产生一组平行螺旋式且清角的切削路径。
- 【依外形环切】：根据轮廓外形产生螺旋式切削路径，此方式至少有一个岛屿，且生成的刀具路径比其他方式长。
- 【高速切削】：以平滑圆弧方式生成高速切削的刀具路径。
- 【单向切削】：与双向路径基本相同，只是单方向切削，另一个方向用于提刀返回。
- 【螺旋切削】：以圆形、螺旋方式产生挖槽刀具路径。

② 粗加工参数。

- 【切削间距(直径%)】：设置在 X 轴和 Y 轴粗加工之间的切削间距，以刀具直径的百分率来计算，调整切削间距参数自动改变该值。
- 【切削间距(距离)】：该选项是在 X 轴和 Y 轴计算的一个距离，等于切削间距百分率乘以刀具直径，调整切削间距(直径%)参数自动改变该值。
- 【粗切角度】：设置双向和单向粗加工刀具路径的起始方向。
- 【刀具路径最佳化】：为环绕切削内腔、岛屿提供优化刀具路径，避免损坏刀具。该选项仅使用双向铣削内腔的刀具路径，并能避免切入刀具绕岛屿的毛坯太深，选择【刀具插入最小切削量】选项，当刀具插入形式发生在运行横越区域前，将清除绕每个岛屿区域的毛坯材料。
- 【由内而外环切】：用来设置螺旋进刀方式时的挖槽起点。当选中该复选框时，切削方法是从凹槽中心或指定挖槽起点开始，螺旋切削至凹槽边界；当未选中该复选框时，是从挖槽边界外围开始螺旋切削至凹槽中心。

③ 下刀方式。

选择 螺旋式下刀 按钮前的复选框，单击 螺旋式下刀 按钮，打开如图 6-62 所示的【螺旋式下刀】选项卡。

- 【最小半径】：指定螺旋的最小半径。
- 【最大半径】：指定螺旋的最大半径。
- 【Z 方向开始螺旋的位置(增量)】：指定开始螺旋下刀时距工件表面的高度。
- 【XY 方向预留间隙】：指定螺旋槽与凹槽在 X 轴方向和 Y 轴方向的预留间隙的安全距离。
- 【进刀角度】：指定螺旋下刀时螺旋线与 XY 平面的夹角，角度越小，螺旋的圈数越多，一般设置在 5°～20°。
- 【螺旋方向】：指定螺旋下刀的方向，可设置为顺时针或逆时针。

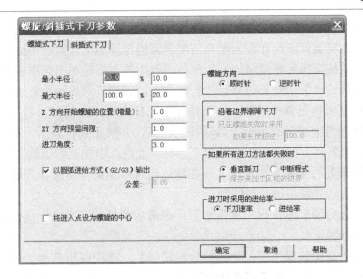

图 6-62 【螺旋式下刀】选项卡

如图 6-63 所示的【斜插式下刀】选项卡，其主要参数含义如下。

● 【最小长度】：指定斜线刀具路径的最小长度。

● 【最大长度】：指定斜线刀具路径的最大长度。

● 【进刀角度】：指定刀具切入的角度。

● 【退刀角度】：指定刀具退出的角度。

● 【自动计算角度(与最长边平行)】：当选中此复选框时，斜线在 X、Y 轴方向的角度由系统自行决定。当未选中此复选框时，斜线在 X、Y 轴方向的角度由用户在【XY 角度】文本框输入。

● 【附加的槽宽】：在每个斜向下刀的端点增加一个圆角，产生一个平滑刀具移动，圆角半径等于附加槽宽的一半，该选项用于进行高速加工。

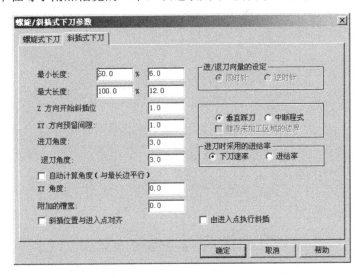

图 6-63 【斜插式下刀】选项卡

④ 精修参数设置。

粗加工后，如果要保证尺寸和表面光洁度，需进行精加工。当选中如图 6-61 所示【精修】复选框时，系统可执行挖槽精加工。挖槽模组中各主要精加工切削参数含义如下。

- 【精修外边界】：对外边界也进行精铣削，否则仅对岛屿边界进行精铣削。
- 【使控制器补正最佳化】：如果精加工选择为机床控制器刀具补偿，该选项在刀具路径上消除小于或等于刀具半径的圆弧，并防止划伤表面；若不选择在控制器进行刀具补偿，此选项防止精加工刀具不能进入粗加工所用的刀具加工区。
- 【由最靠近的图素开始精修】：在靠近粗铣削结束点位置处开始精铣削，否则按所选择的边界顺序进行精铣削。
- 【只在最后深度才执行一次精修】：在最后的铣削深度进行精铣削，否则在所在深度进行精铣削。
- 【完成所有槽的粗切后，才执行分层精修】：在完成所有粗切削后进行精铣削，否则在每一次粗切削后都进行精铣削，适用于多区域内腔加工。
- 【刀具补正方式】：执行该参数可启用计算机补正或机床控制器内刀具补正，当精加工时不能在计算机内进行补正，该选项允许在控制器内调整刀具补正，也可以选择两者共同补正或两者反相补正。
- 【进/退刀向量】：选中该复选框，可在精修刀具路径的起点和终点增加进/退刀具路径，可以单击 进/退刀向量 按钮，通过打开的 进/退刀向量 对话框对进/退刀刀具路径进行设置。

6.2.6 实战练习

打开第 6 章中的源文件 "6-2-practice"，如图 6-64 所示。将两圆之间的部分作为一段槽，而将小圆作为孤岛，挖槽结果如图 6-65 所示。

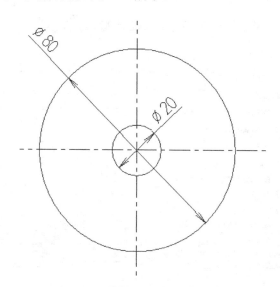

图 6-64 挖槽加工零件图形

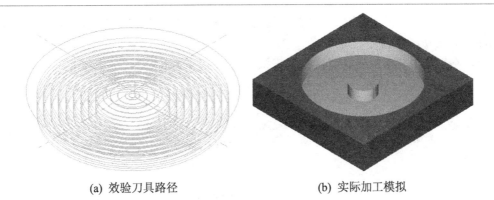

(a) 效验刀具路径	(b) 实际加工模拟

图 6-65　刀具路径仿真效果

【建模分析】

首先需要挑选一台机床，针对本例的挖槽加工，直接选择【机床类型】→【铣削】→【默认】命令，即选择系统默认的铣床来进行加工。毛坯的 X、Y 向尺寸可以通过边界盒获得，并将毛坯厚度设置为 20mm，材料选择为铝材。刀具选用挖槽铣削常用的端铣刀，并进一步对刀具参数、挖槽加工参数、粗切/精修参数进行合理的设置。

【操作步骤提示】

(1) 打开源文件"6-2-practice.MCX"，选择铣削加工机床，设置毛坯参数，如图 6-66 所示。

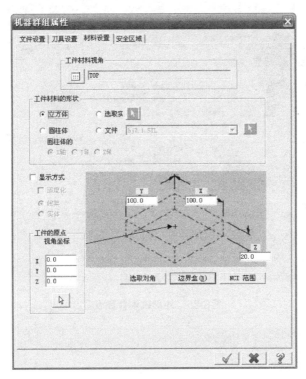

图 6-66　毛坯参数设置

(2) 新建刀具路径，选择刀具并设置刀具参数、2D 挖槽参数和粗切/精修参数，如图 6-67～图 6-70 所示。

(3) 效验刀具路径并进行真实加工模拟，结果如图 6-65 所示。

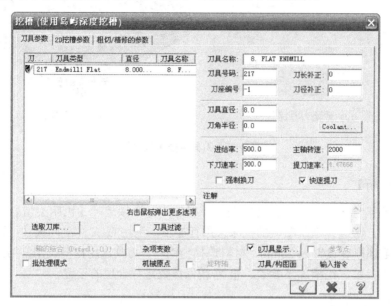

图 6-67　刀具参数设置

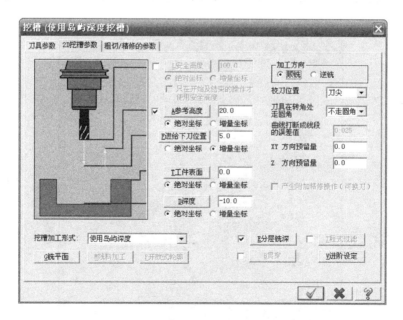

图 6-68　外形铣削参数设置

图 6-69 【分层铣深设置】对话框

图 6-70 粗切/精修的参数设置

6.3 钻 孔 加 工

钻孔加工在机械加工中应用得比较多，加工的方式也较多。下面介绍钻孔加工参数设置方法。

6.3.1 案例介绍及知识要点

利用第 6 章的源文件"6-3.MCX"，对图 6-71(a)所示轮廓进行钻孔加工，结果如图 6-71(b)所示。

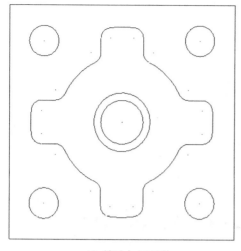

(a) 钻孔加工零件   (b) 钻孔加工模拟结果

图 6-71　钻孔加工

【知识要点】

钻孔加工方法的参数设置。

6.3.2　工艺流程分析

本例所选用的机床与上一道工序挖槽加工时相同，只需在此基础上添加钻孔加工路径。由于孔加工的大小是由刀具直接决定的，因此，用户只需指定需要钻孔的位置即可。刀具选用 $\phi40$ 的中心钻，并进一步对刀具参数、Simple drill – no peck 进行合理的设置。

6.3.3　操作步骤

(1) 执行【文件】→【打开】命令，打开第 6 章的源文件"6-3.MCX"。单击操作管理器中的【关闭刀具路径显示】按钮 ≋，关闭挖槽刀具路径显示。

(2) 选取刀具路径。选择【刀具路径】→【钻孔加工】命令，系统弹出【选取钻孔的点】对话框，如图 6-72 所示。手动选择如图 6-73 所示圆心点 P1～P4，单击【选取钻孔的点】对话框中的确认按钮 ✔ ，结束钻孔点的选择(提示：选择钻孔点时只设置捕捉圆心选项，可以迅速正确地选择钻孔点)。

(3) 选取刀具并进行参数设置。确定选取的钻孔中心后，系统弹出如图 6-74 所示的【简单钻孔】对话框。在刀具栏空白处右击，在弹出的快捷菜单中，选择【刀具管理器】命令，系统弹出如图 6-75 所示的刀具管理器，选取直径为 20mm 的平底铣刀，单击加入按钮 ↑ ，单击确认按钮 ✔ 完成刀具的选择。返回【刀具参数】选项卡继续刀具参数的设置，设置【进给率】为 150，【主轴转速】为 600，其余参数设置如图 6-76 所示。

图 6-72　选取钻孔点

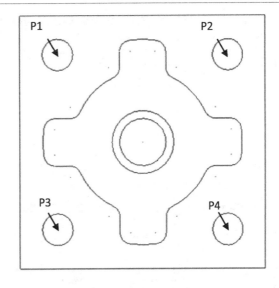

图 6-73　选取的钻孔中心点

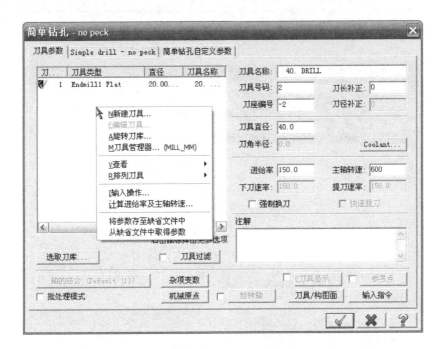

图 6-74　【简单钻孔】对话框

(4) 简单钻孔参数设置。单击如图 6-74 所示的【Simple drill – no peck】选项卡，进行如图 6-77 所示的设置，【提刀量】为 3，【工件表面】为 0，【切削深度】到-20，并单击 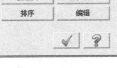 按钮，打开如图 6-78 所示的【深度的计算】对话框，确定后的修正值为-32.01721。

(5) 单击如图 6-78 所示的确认按钮，完成简单钻孔的参数设置，产生的刀具路径如图 6-79 所示。

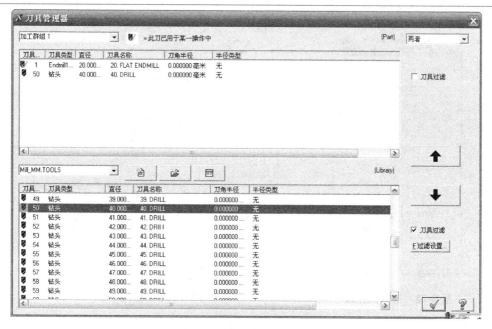

图 6-75　刀具管理器

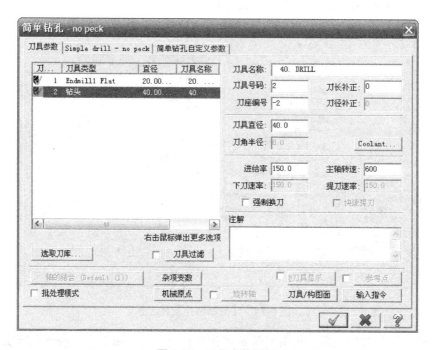

图 6-76　刀具参数设置

(6) 模拟刀具路径。单击操作管理器中的【刀路模拟】按钮 ，打开【刀路模拟】对话框，单击刀路模拟控制条中的 按钮进行模拟。模拟效果如图 6-80 所示。

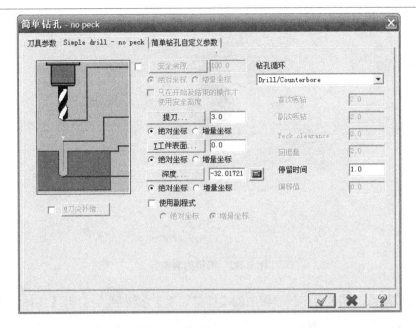

图 6-77 【Simple drill – no peck】选项卡

图 6-78 钻孔深度的计算

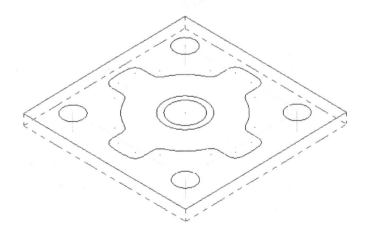

图 6-79 生成的刀具路径

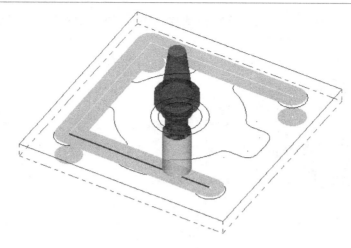

图 6-80　模拟刀具路径

(7)　加工模拟。单击操作管理器中的【模拟加工】按钮，打开【实体切削验证】对话框。单击【执行】按钮，其仿真结果如图 6-81 所示。

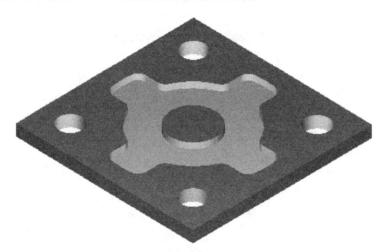

图 6-81　加工模拟

(8)　选择菜单栏中的【文件】→【保存】命令，以文件名"6-3-complete"保存文件。

6.3.4　案例技巧点评

本例中钻孔点采用手动选择方式依次捕捉四个圆的中心，采用标准钻头钻孔，并设置了钻头在孔底的停留时间为 1s，以提高钻孔的表面光洁度。钻削深度的选择也是需要特别注意的地方，因为没有使用刀尖补偿，所以要进行如步骤(4)那样的修正，才能保证得到的为通孔。

6.3.5　知识总结

Mastercam 提供了丰富的钻孔方式，而且可以自动输出对应的钻孔固定循环加指令，如钻孔、铰孔、镗孔和攻丝等钻孔方式。Mastercam 提供了 7 种孔加工的各种标准固定循环方式，而且允许用户自定义符合自身要求的循环方式。本例介绍了标准孔加工的基本步骤，其余钻孔方式也与其类似。

1. 点的选择

在钻孔时使用的定位点为孔的圆心。选取机床后，选择【刀具路径】→【钻孔】菜单命令，打开如图 6-82 所示的【选取钻孔的点】对话框。

Mastercam 提供了 7 种孔加工方式，介绍如下。

- 【　　　(手工选取)】：使用手工方法输入钻孔中心，选择点。
- 【自动选取】：顺序选择第一个点、第二个点和最后一个点后，系统将自动选择已存在的一系列点作为钻孔中心。
- 【选取图素】：选取对象图素，将已选择的几何对象端点作为钻孔中心。
- 【窗选】：用两个对角点形成的矩形框内所包容的点作为钻孔中心点。
- 【限定圆弧】：把圆或圆弧的圆心作为钻孔中心点，并可设置公差。
- 【选择上次】：使用上一次选择的点及排列方式。
- 【排序】：根据系统提供的样式进行孔的有规律排列，可以是矩形或环形方式。系统提供了 17 种 2D 排序，如图 6-83 所示；12 种旋转排序，如图 6-84 所示；16 种交叉断面排序方式，如图 6-85 所示。

图 6-82　【选取钻孔的点】对话框

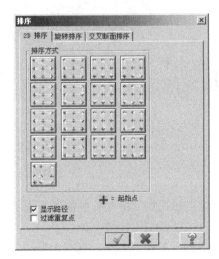

图 6-83　【2D 排序】选项卡

2. 选择刀具和设置加工参数

选择点后，打开如图 6-86 所示的【简单钻孔】对话框。

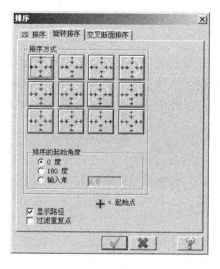

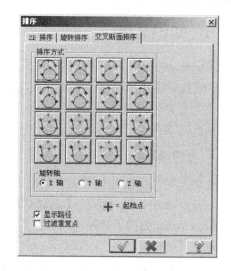

图 6-84　【旋转排序】选项卡　　　　图 6-85　【交叉断面排序】选项卡

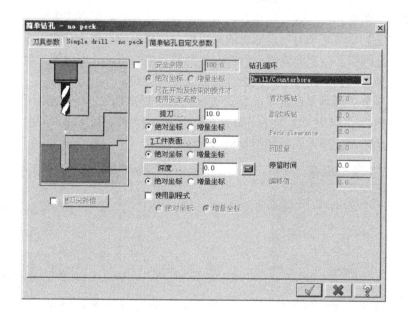

图 6-86　【简单钻孔】对话框

这里对孔加工特有的参数进行说明。

1)　钻头钻尖补偿

钻头和平铣刀不同，它有个钻尖，这部分的长度是不能作为有效钻深的，所以一般钻孔深度是有效钻深加上钻尖长度。其作用主要是保证将孔钻透和保证孔深。单击【刀尖补偿】按钮，打开如图 6-87 所示的【钻头尖部补偿】对话框，设置补偿深度后，单击确认按钮，系统将自动进行钻尖补偿。

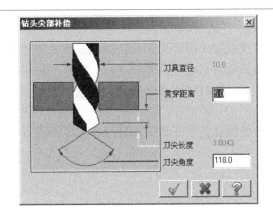

图 6-87 【钻头尖部补偿】对话框

2) 钻孔循环方式

钻孔模组共有 20 种钻孔循环方式，包括 8 种标准方式和 12 种自定义方式。如图 6-88 所示为钻孔循环方式菜单。其中常用的 7 种标准钻孔循环方式如下。

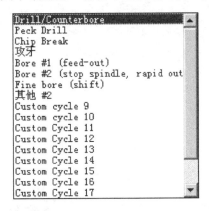

图 6-88 钻孔循环方式菜单

- 【Drill/Counterbore】：钻孔或镗盲孔，其孔深一般小于刀具直径的 3 倍。
- 【Peck Drill】：钻深度大于 3 倍刀具直径的深孔，循环中有快速退刀动作，退刀至参考高度，以便强行排去铁屑和强行冷却。
- 【Chip Break】：钻深度大于 3 倍刀具直径的深孔，循环中有快速退刀动作，退回一定距离，但并不退至参考高度，以便断屑。
- 【攻牙】：攻左旋内螺纹。
- 【Bore #1(feed-out)】：用正向进刀——反向进刀方式镗孔，该方法常用于镗盲孔。
- 【Bore #2(stop spindle, rapid out)】：用正向进刀——主轴停止让刀——快速退刀方式镗孔。
- Fine bore(shift)：用于精镗孔，在孔的底部停转并可以让刀。

3) 其他孔加工参数

- 【首次啄钻】：首次钻孔深度，即第一次步进钻孔深度。
- 【副次啄钻】：以后各次钻孔步进增量。

- 【Peck clearance】: 每次孔加工循环中刀具快进的增量。
- 【回退量】: 每次孔加工循环中刀具快退的高度, 退刀量通常是一个负值, 不是一个绝对高度的 Z 值。
- 【停留时间】: 刀具暂时停留在孔底部的时间, 停留一会可以提高孔的精度和光洁度。
- 【偏移值】: 设定镗孔刀具在退刀前让开孔壁的距离, 以防止刀具划伤孔壁, 该选项仅用于镗孔循环。

6.3.6 实战练习

打开第 6 章中的源文件 "6-3-practice", 如图 6-89 所示。将两圆中心打 ϕ16 的孔, 打孔结果如图 6-90 所示。

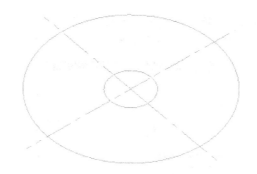

图 6-89 中心钻孔图形

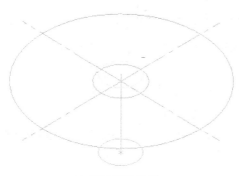

(a) 效验刀具路径

(b) 实际加工模拟

图 6-90 刀具路径仿真效果

【建模分析】

本例所选用的机床与上一道工序挖槽加工时相同, 只需在此基础上添加钻孔加工路径。由于孔加工的大小是由刀具直接决定的, 因此, 用户只需指定需要钻孔的位置即可。刀具选用 ϕ16 的中心钻, 并进一步对刀具参数、Simple drill – no peck 进行合理的设置。

【操作步骤提示】

(1) 打开源文件"6-3-practice.MCX",关闭挖槽刀具路径显示,新建钻孔加工路径。

(2) 选择刀具并设置刀具参数、简单钻孔参数,如图 6-91~图 6-93 所示。

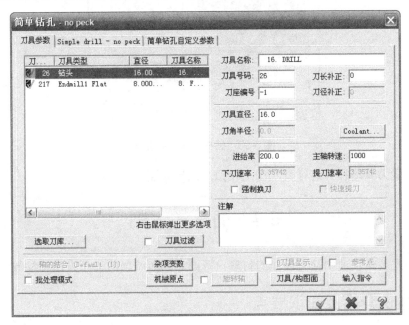

图 6-91 刀具参数设置

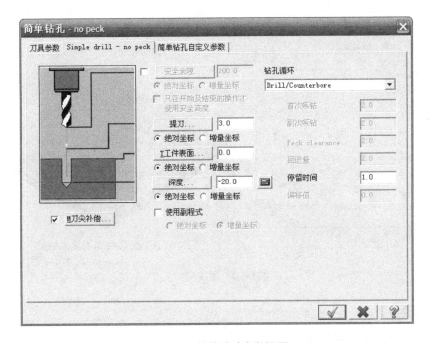

图 6-92 简单钻孔参数设置

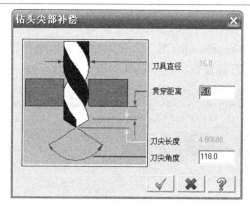

图 6-93　钻头尖部补偿设置

(3)　效验刀具路径并进行真实加工模拟，结果如图 6-90 所示。

6.4　面　铣　削

面铣削主要是快速切除毛坯面的材料，下面介绍面铣削的加工方法和参数设置。

6.4.1　案例介绍及知识要点

利用第 6 章的源文件"6-4.MCX"，对图 6-94(a)所示轮廓进行面铣削，结果如图 6-94(b)所示。

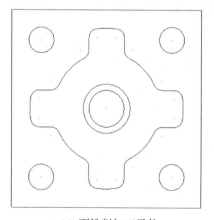

(a) 面铣削加工零件

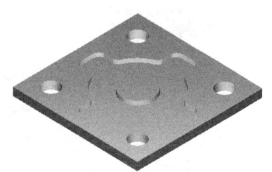

(b) 面铣削加工模拟结果

图 6-94　面铣削加工

【知识要点】

- 面铣削加工的基本步骤。
- 面铣削加工方法的参数设置。

6.4.2　工艺流程分析

面铣削主要用于对工件毛坯表面进行加工，以便后续的挖槽、钻孔等加工操作，本例是在挖槽和钻孔加工前增加一道面铣削加工操作。

6.4.3　操作步骤

(1)　执行【文件】→【打开】命令，打开第 6 章的源文件"6-4.MCX"。单击操作管理器中的【关闭刀具路径显示】按钮 ≋ ，关闭挖槽及钻孔刀具路径的显示。

(2)　将面铣削加工的插入位置往前移，在如图 6-95 所示的操作管理器中逐一单击 ▲ 按钮，使面铣削加工操作箭头处于挖槽操作之前。

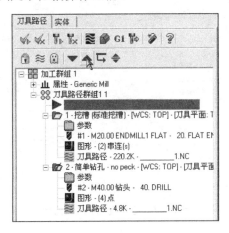

图 6-95　移动路径插入位置

(3)　选取刀具路径。选择【刀具路径】→【面铣削】命令，系统弹出【串连选项】对话框，选择如图 6-96 所示的矩形轮廓，单击【串连选项】对话框中的确认按钮 ✔ ，结束面铣削轮廓的选择。

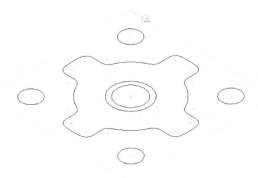

图 6-96　面铣削轮廓选择

(4)　选取刀具并进行参数设置。确定选取的铣削加工面后，系统弹出如图 6-97 所示的

【平面铣削】对话框。在刀具栏空白处右击，在弹出的快捷菜单中，选择【刀具管理器】命令，系统弹出如图 6-98 所示的刀具管理器，在 Steel·MM.TOOLS 中选取直径为 80 的面铣刀，单击加入按钮 ↑ ，单击确认按钮 ✓ 完成刀具的选择。返回【刀具参数】选项卡继续刀具参数的设置，设置【进给率】为 500，【下刀速率】为 500，【主轴转速】为 2000，其余参数设置如图 6-99 所示。

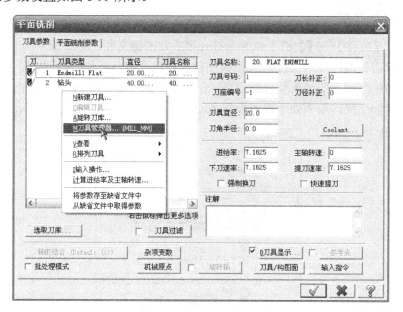

图 6-97　【平面铣削】对话框

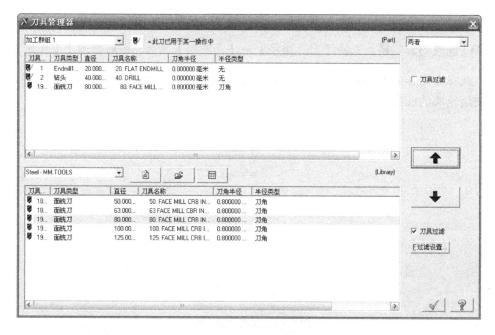

图 6-98　刀具管理器

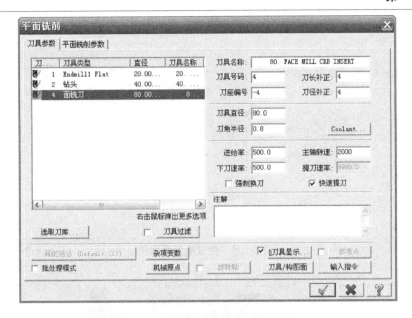

图 6-99　刀具参数设置

(5) 平面铣削参数设置。打开图 6-99 中的【平面铣削参数】选项卡,设置切削深度到 -0.5,其余参数采用默认设置,如图 6-100 所示。

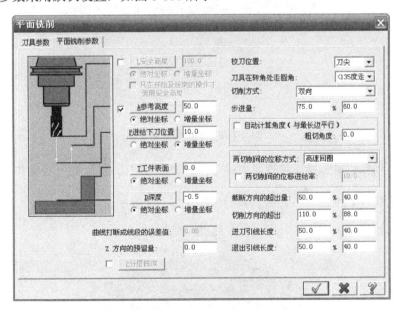

图 6-100　平面铣削参数设置

(6) 单击图 6-100 中的确认按钮 ✓ 完成面铣削加工的参数设置,产生的刀具路径如图 6-101 所示。

(7) 模拟刀具路径。单击操作管理器中的【刀路模拟】按钮 ≋,打开【刀路模拟】对话框,单击刀路模拟控制条中的 ▶ 按钮进行模拟。模拟效果如图 6-102 所示。

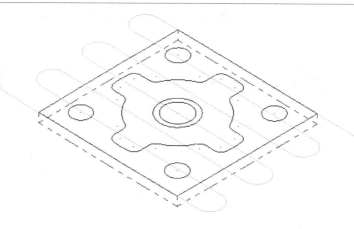

图 6-101　生成的刀具路径

图 6-102　模拟刀具路径

(8) 加工模拟。单击操作管理器中的【模拟加工】按钮，打开【实体切削验证】对话框。单击【执行】按钮 ，其仿真结果如图 6-103 所示。

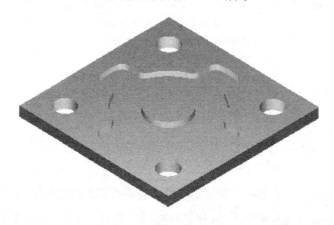

图 6-103　加工模拟

(9) 选择菜单栏中的【文件】→【保存】命令，以文件名"6-4-complete"保存文件。

6.4.4 案例技巧点评

在进行面铣削之前，首先要从刀具库中选择"面铣刀"才行。它与一般铣刀相比，切削面积更大、效率更高。在实际的加工顺序中，面铣削一般在挖槽、钻孔加工操作前面，因此本例需要先将面铣削加工操作箭头插入到挖槽、钻孔加工操作前面。步骤(5)的【平面铣削参数】选项卡将【切削】方式设为【双向】铣削可以明显增加铣削效率，提高加工效率。

6.4.5 知识总结

1. 面铣削的基本步骤

(1) 绘制一个平面轮廓。

(2) 选择机床，选择主菜单中的【刀具路径】→【面铣】命令，打开【串连选项】对话框。

(3) 对所需面铣削的平面进行串连。

(4) 打开【平面铣削】对话框，选择刀具。

(5) 输入面铣削参数，确认后，系统将刀具路径添加到操作管理器中。

(6) 模拟仿真与后处理。

2. 面铣削参数设置

选择【刀具路径】→【面铣】命令，在绘图区选取串连后，单击确认按钮 ，打开如图 6-104 所示的【平面铣削参数】选项卡。

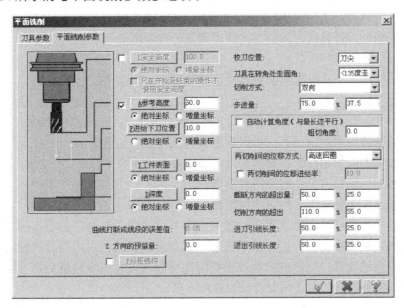

图 6-104 【平面铣削参数】选项卡

1) 切削方式

在进行面铣削加工时，可以根据需要选取不同的铣削方式。可以在如图 6-104【平面铣削参数】选项卡的【切削方式】下拉菜单中选择不同的铣削方式。不同的铣削方式可以生成不同的刀具路径。其铣削方式如图 6-105 所示。

① 双向。

刀具在加工中可以往复走刀，来回均切削。

② 单向—顺铣。

刀具仅沿一个方向走刀，进时切削，回时空走。在加工中刀具旋转方向与刀具移动方向相反，即顺铣。

③ 单向—逆铣。

刀具仅沿一个方向走刀，在加工中刀具旋转方向与刀具移动方向相同，即逆铣。

④ 一刀式。

仅进行一次铣削，刀具路径的位置为几何模型的中心位置，这时刀具的直径必须大于铣削工件表面的宽度。

2) 两切削间的位移方式

当选择双向切削方式时，可以设置刀具在两次铣削间的过渡方式。在如图 6-104 所示的【两切削间的位移方式】下拉列表中，系统提供了 3 种刀具移动的方式，如图 6-106 所示。

图 6-105　铣削方式　　　　图 6-106　两切削间的位移方式

① 高速回圈。

选择该选项时，刀具按圆弧的方式移动到下一次铣削的起点。

② 线性进给。

选择该选项时，刀具以直线的方式移动到下一次铣削的起点。

③ 快速位移。

选择该选项时，刀具以直线的方式快速移动到下一次铣削的起点。

3) 其他参数

在如图 6-104 所示的【平面铣削参数】选项卡中的其他铣削参数介绍如下。

- 【截断方向的超出量】：设置垂直刀具路径方向的重叠量。
- 【切削方向的超出】：设置沿刀具路径方向的重叠量。
- 【进刀引线长度】：起点附加距离。
- 【退出引线长度】：终点附加距离。
- 【步进量】：该文本框用于设置两条刀具路径间的距离。但在实际加工中，两条刀具路径间的距离一般会小于该值，这是因为系统在生成刀具路径时，首先计算出铣削的次数，铣削的次数等于铣削宽度除以设置的步进量后向上取整。实际的刀具路径间距为总铣削宽度除以铣削次数。

6.4.6 实战练习

打开第 6 章中的源文件"6-4-practice",如图 6-107 所示。在铣槽和钻孔前先进行面铣削加工,结果如图 6-108 所示。面铣刀直径选为 50,铣削厚度为 0.5。

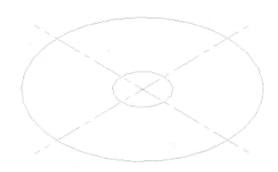

图 6-107　面铣削加工图形

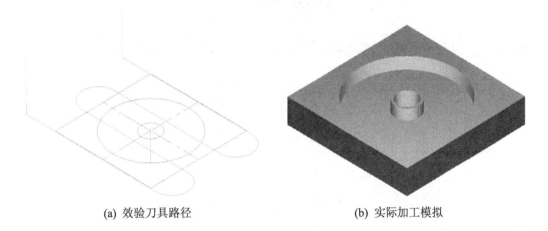

(a) 效验刀具路径　　　　　　　　　　(b) 实际加工模拟

图 6-108　刀具路径仿真效果

【建模分析】

面铣削主要用于对工件毛坯表面进行加工,以便后续的挖槽、钻孔等加工操作,本例即是在挖槽和钻孔加工前增加一道面铣削加工操作。

【操作步骤提示】

(1) 打开源文件"6-4-practice.MCX",在挖槽加工之前插入面铣削加工路径。提示:系统弹出【串连选项】对话框时,不做任何选择,单击确认按钮 ✓ ,系统将默认选择工作设定的材料边界作为面铣削轮廓。

(2) 选择刀具并设置刀具参数、面铣削加工参数,如图 6-109 和图 6-110 所示。

(3) 效验刀具路径并进行真实加工模拟,结果如图 6-108 所示。

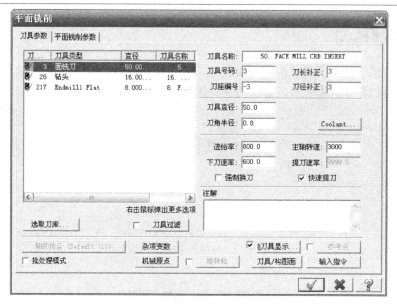

图 6-109　刀具参数设置

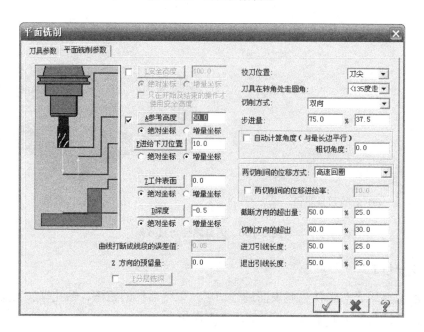

图 6-110　平面铣削参数设置

6.5　雕 刻 加 工

雕刻加工从加工原理上讲是一种钻铣组合加工，下面以实例介绍雕刻加工的方法和参
数设置。

6.5.1　案例介绍及知识要点

利用第 6 章的源文件"6-5.MCX"，对图 6-111(a)所示轮廓进行雕刻加工，结果如图 6-111(b)所示。

(a)　雕刻加工零件　　　　　　　　　　　　(b)　雕刻加工模拟结果

图 6-111　雕刻加工

【知识要点】

雕刻加工的参数设置。

6.5.2　工艺流程分析

首先需要挑选一台机床，针对本例的雕刻加工，可以选择在【铣削】模块或【雕刻】加工模块上进行，本例选择系统默认的铣床来进行加工。雕刻加工的刀具一般采用 V 形加工刀具，在【铣削】模块下，我们需要将倒角刀编辑为 V 形加工刀具，其他工艺参数设置与挖槽加工非常相似。

6.5.3　操作步骤

(1)　执行【文件】→【打开】命令，打开第 6 章的源文件"6-5.MCX"。接着选择【机床类型】→【铣削】→【默认】命令，选择系统默认的铣床来进行加工。如图 6-112 所示为操作管理器。

(2)　工件设置。单击如图 6-112 所示的【材料设置】按钮，进行如图 6-113 所示的参数设置。

(3)　材质设置。选取材料为 ALUMINUM mm – 2024，如图 6-114 所示。

图 6-112　操作管理器

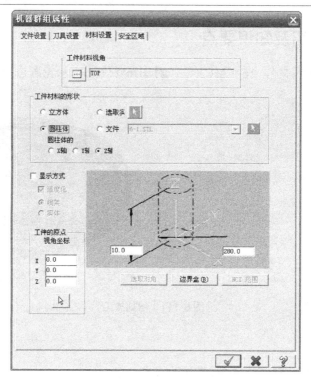

图 6-113　工件毛坯参数设置

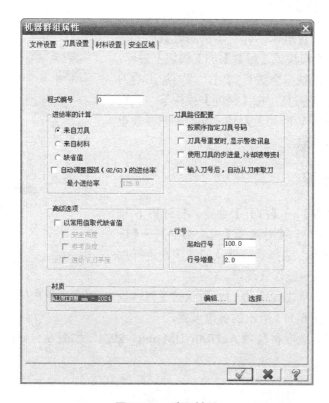

图 6-114　选取材质

(4) 选取刀具路径。选择【刀具路径】→【雕刻加工】命令。在【串连选项】对话框中单击【视窗选择】按钮 ，视窗选择如图 6-111(a)中所有几何图形，单击确认按钮 完成雕刻加工轮廓选择，选择结果如图 6-115 所示。

图 6-115 选取的铣削路径

(5) 选取刀具并进行参数设置。确定选取的雕刻外形后，系统弹出如图 6-116 所示 Engraving 对话框。在刀具栏空白处右击，在弹出的快捷菜单中，选择【刀具管理器】命令，系统弹出如图 6-117 所示的刀具管理器，选取直径为 10mm 的倒角刀，单击加入按钮 。双击选中的刀具，打开【定义刀具】对话框，如图 6-118 所示，把倒角刀底部直径改为 0.5，单击确认按钮 完成刀具编辑。返回【刀具参数】选项卡继续刀具参数的设置，设置【进给率】为 300，【主轴转速】为 1000，【下刀速率】为 200，快速提刀，其余参数设置如图 6-119 所示。

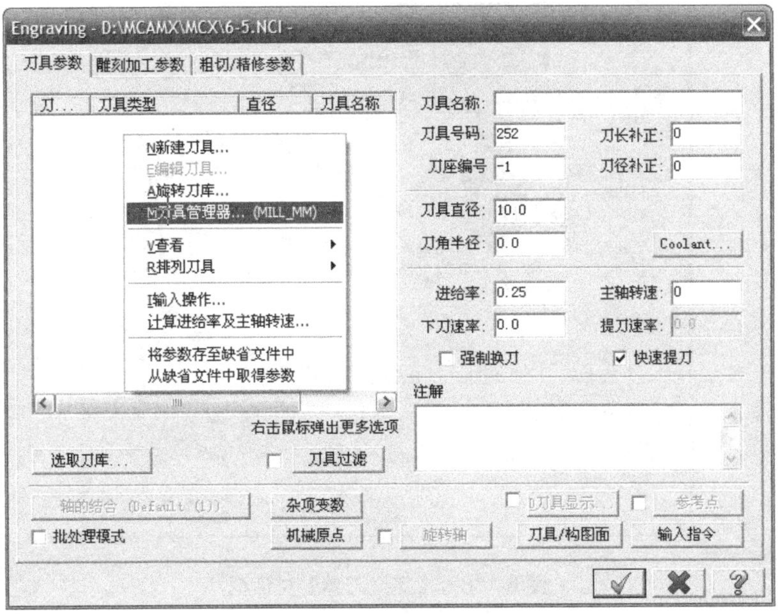

图 6-116 刀具选择及参数设置

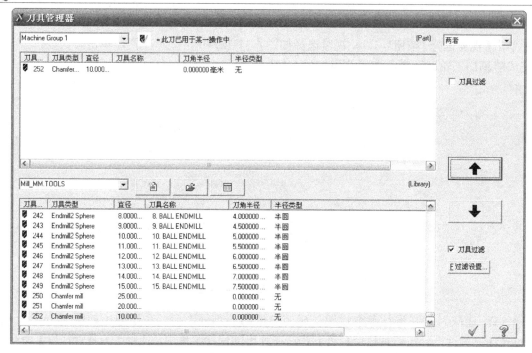

图 6-117　刀具管理器

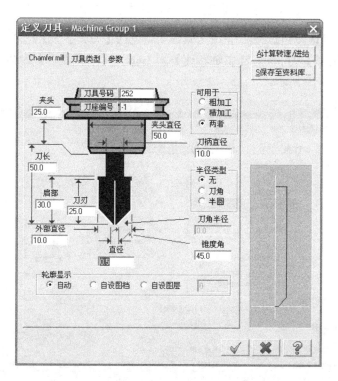

图 6-118　【定义刀具】对话框

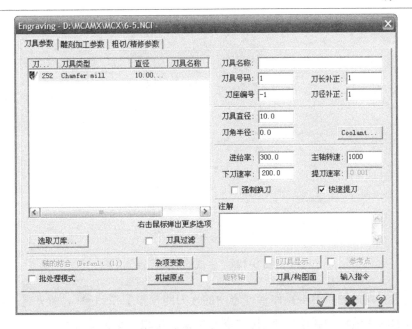

图 6-119 刀具参数设置

(6) 雕刻加工参数设置。打开如图 6-119 所示的【雕刻加工参数】选项卡，进行如图 6-120 所示的参数设置，把切削深度设为-1，其余参数采用默认设置。

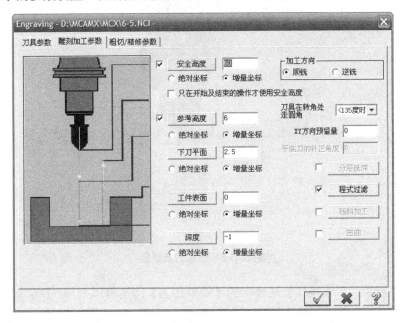

图 6-120 雕刻加工参数设置

(7) 单击确认按钮 ✓ 完成雕刻加工的参数设置，产生的刀具路径如图 6-121 所示。

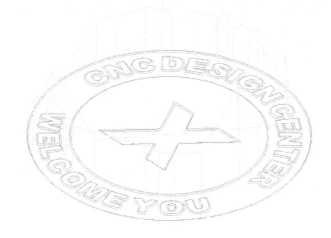

图 6-121　生成的刀具路径

(8) 模拟刀具路径。单击操作管理器中的【刀路模拟】按钮 ≋，打开【刀路模拟】对话框，单击刀路模拟控制条中的 ▶ 按钮进行模拟。模拟效果如图 6-122 所示。

图 6-122　模拟刀具路径

(9) 加工模拟。单击操作管理器中的【模拟加工】按钮 ⬛，打开【实体切削验证】对话框，单击【配置】按钮 📖 。设置如图 6-123 所示的工件参数，单击确认按钮 ✔ ，返回【实体切削验证】对话框，单击其执行按钮 ▶ ，仿真结果如图 6-124 所示。

(10) 选择菜单栏中的【文件】→【保存】命令，以文件名 "6-5-complete" 保存文件。

图 6-123 【验证选项】对话框

图 6-124 加工模拟

6.5.4 案例技巧点评

雕刻加工要注意 V 形加工刀具的选择，在【铣削】模块下，我们需要将倒角刀编辑为 V 形加工刀具。还有值得注意的是，本例的毛坯采用的是圆柱形，要注意选择毛坯轴线，见步骤(2)。在进行实体加工模拟时，还需正确地设置验证选项，见步骤(9)。

6.5.5 知识总结

雕刻加工其实就是铣削加工的一个特例，属于铣削加工范围。雕刻加工的图形一般是平面上的各种图案和文字，所以属于二维铣削加工。

沿线条轮廓的雕刻加工具体操作步骤如下：

(1) 绘制雕刻的二维线条图形。

(2) 选择【刀具路径】→【雕刻加工】菜单命令，在绘图区采用串连方式对图形串连后，单击确认按钮 ✓ ，系统打开如图 6-125 所示的选项卡。

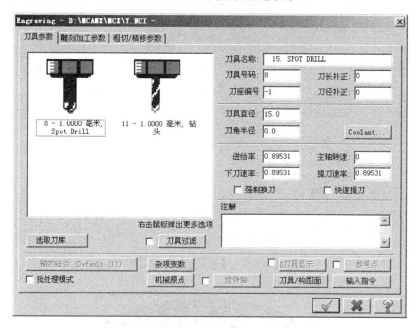

图 6-125 【刀具参数】选项卡

(3) 在如图 6-125 的对话框中单击 选取刀库... 按钮，从刀库中选取一把刀具。雕刻刀一般比较细，如 1mm 的中心钻、1mm 的平刀，或者自己定义一把刀。如图 6-125 所示的雕刻加工【刀具参数】选项卡中的刀。

(4) 设置雕刻加工参数。一般来说，雕刻加工深度较浅，所以设置雕刻加工深度时一般比较小。推荐-0.5mm。

(5) 设置参数并确定后，系统计算产生刀具路径，图形区显示刀具轨迹，刀具轨迹和图形线条重合。

(6) 仿真加工。

6.5.6 实战练习

打开第 6 章中的源文件"6-5-practice"，如图 6-126 所示。对两圆之间的文字进行雕刻加工，如图 6-127 所示。

图 6-126　雕刻加工图形

(a) 效验刀具路径　　　　　　　　　　(b) 实际加工模拟

图 6-127　刀具路径仿真效果

【建模分析】

首先需要挑选一台机床，针对本例的雕刻加工，可以选择在【铣削】模块或【雕刻】加工模块上进行，本例选择系统默认的铣床来进行加工。雕刻加工的刀具一般采用 V 形加工刀具，在【铣削】模块下，我们需要将倒角刀编辑为 V 形加工刀具，其他工艺参数设置与挖槽加工非常相似。

【操作步骤提示】

(1)　打开源文件 "6-5-practice.MCX"。

(2)　选择铣削加工机床，设置毛坯参数如图 6-128 所示。

(3)　新建雕刻加工刀具路径，选择刀具并编辑，如图 6-129 所示。

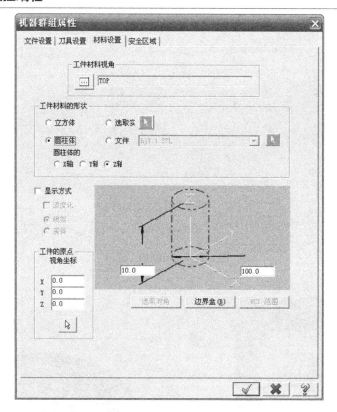

图 6-128　毛坯参数设置

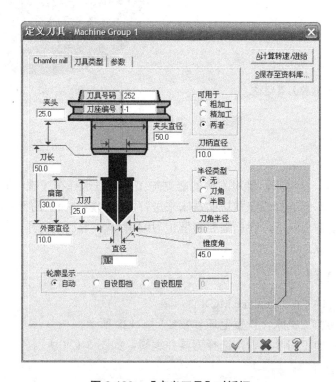

图 6-129　【定义刀具】对话框

(4) 设置刀具参数、雕刻参数，如图 6-130、图 6-131 所示。

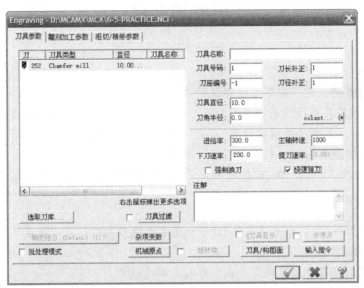

图 6-130 刀具参数设置

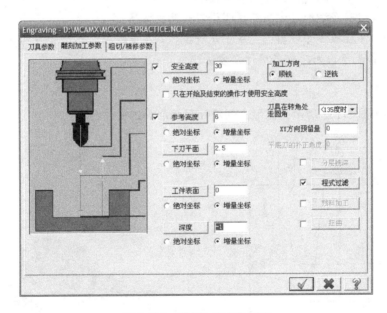

图 6-131 雕刻加工参数设置

(5) 效验刀具路径并进行真实加工模拟，结果如图 6-127 所示。

本 章 小 结

本章通过案例讲述了外形铣削、挖槽加工、钻孔加工、面铣削以及雕刻加工的基本操作步骤和参数设置，为后续三维加工的学习打好基础。

思考与习题

1. 选择题

(1) 毛坯边界的设定，以下方法错误的是(　　　)。

A. 使用刀具路径作为边界　　　　B. 使用毛坯上的对角点确定边界

C. 使用边界盒子来确定边界　　　　D. 随手画定边界

(2) 零件上的槽和岛屿一般采用(　　　)进行加工。

A. T 槽刀　　　　B. 端铣刀　　　　C. 面铣刀　　　　D. 球铣刀

2. 思考题

(1) 简述外形铣削的 5 个深度参数(安全高度、退刀高度、进刀高度、工件毛坯顶面和切削深度)的用途。

(2) 外形铣削可在什么装置里补正? 各有几种方法?

(3) 钻孔模组中有几种钻孔方式?

(4) 钻削时，钻削点的分类方法有哪几种?

(5) 挖槽模组有几种加工方法? 说明进刀的两种方法。

(6) 当一工件在操作管理器已完成了几种操作，在重绘刀具路径和刀具路径验证时，如一次将所有操作表示出来，应采用什么方法?

3. 操作题

(1) 绘制如图 6-132 所示的图形，利用外形铣削加工实体模型。

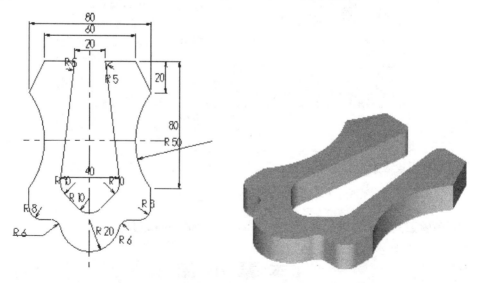

图 6-132　U 形环二维铣削

(2) 绘制如图 6-133 所示的圆盖形工件，对其进行全圆铣削。

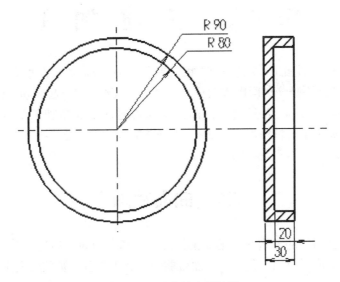

图 6-133　圆盖的全圆铣削

第7章 三维加工

三维加工又称曲面加工，主要是指加工曲面或实体表面等复杂型面。它和二维加工的最大区别在于：Z 向不是一种间歇式的运动，而是与 XY 方向一起运动，从而形成三维的刀具路径。在实际加工中，大多数零件都需要通过粗加工和精加工阶段才能最终成型。Mastercam 一共提供了 8 种粗加工方法和 11 种精加工方法，能够很容易地产生符合要求的 NC 代码，大大提高效率和准确性。

7.1 曲面粗加工

曲面加工刀具路径的设定与二维加工刀具路径基本相同，都是用于产生刀具相对于工件的运动轨迹及生成数控加工代码。下面就曲面粗加工中各参数的含义进行介绍。

7.1.1 案例介绍及知识要点

利用第 7 章的源文件"7-1.MCX"，对图 7-1(a)所示轮廓曲面进行外形平行粗加工，结果如图 7-1(b)所示。

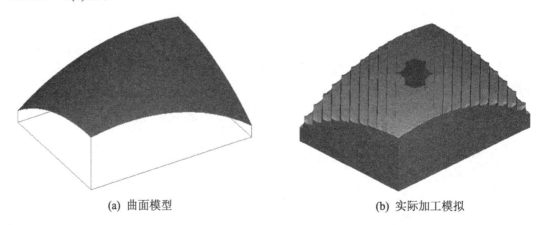

(a) 曲面模型　　　　　　　　　　　　　　(b) 实际加工模拟

图 7-1　曲面平行粗加工

【知识要点】

- 各种曲面加工方法的公用参数设置。
- 曲面平行粗加工的基本步骤。
- 曲面平行粗加工的参数设置。

7.1.2 工艺流程分析

首先需要挑选一台机床。针对本例的外形铣削加工，直接选择【机床类型】→【铣削】

→【默认】命令，即选择系统默认的铣床来进行加工。毛坯的 X、Y 向尺寸可以通过边界盒自动获取，材料选择为铝材。刀具选用圆鼻刀，并进一步对刀具参数和外形铣削参数进行合理的设置。

7.1.3　操作步骤

(1)　执行【文件】→【打开】命令，打开第 7 章的源文件"7-1.MCX"。接着选择【机床类型】→【铣削】→【默认】命令，选择系统默认的铣床来进行加工。如图 7-2 所示为操作管理器。

(2)　毛坯设置。单击如图 7-2 所示的【材料设置】按钮，打开的对话框如图 7-3 所示。单击　边界盒 (B)　按钮，弹出如图 7-4 所示的【边界盒选项】对话框，单击确认按钮　✓　完成毛坯的设置。

(3)　材质设置。选取材料为 ALUMINUM mm – 2024，如图 7-5 所示。

图 7-2　操作管理器

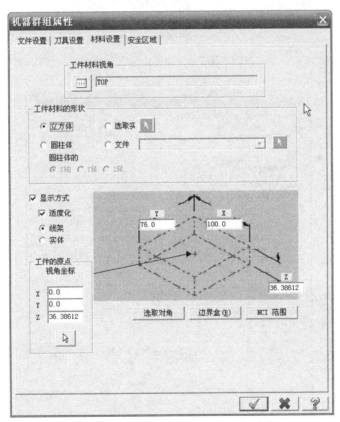

图 7-3　工件毛坯设置

图 7-4　边界盒选项

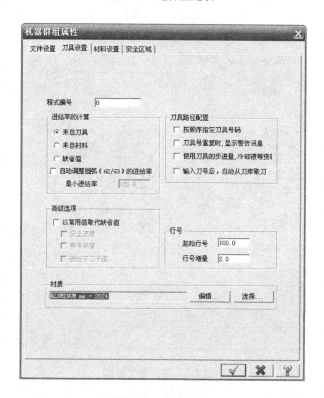

图 7-5　选取材质

（4）选取刀具路径。选择【刀具路径】→【曲面粗加工】→【粗加工平行铣削加工】命令。系统弹出如图 7-6 所示【选取工件的形状】对话框，单击确认按钮 。选择如图 7-7 所示的曲面为加工曲面，按 Enter 键确认。系统弹出加工曲面、干涉面、加工区域设置对话框，单击确认按钮 。

图 7-6　【选取工件的形状】对话框

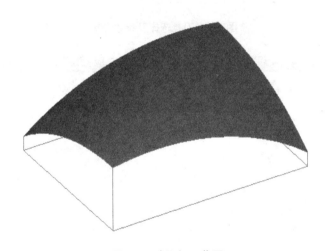

图 7-7　选取加工曲面

（5）选取刀具并进行参数设置。选择完被加工曲面后，系统弹出如图 7-8 所示【曲面粗加工平行铣削】对话框。在刀具栏空白处单击鼠标右键，选择【刀具管理器】命令，系统弹出如图 7-9 所示的刀具管理器，选取直径为 20mm 的圆鼻刀，单击加入按钮 ，单击确认按钮 ，完成刀具的选择。返回【刀具参数】选项卡继续刀具参数的设置，设置【进给率】为 1000，【主轴转速】为 1500，【下刀速率】为 500，选中【快速提刀】，其余参数设置如图 7-10 所示。

（6）曲面参数设置。单击如图 7-10 所示的【曲面参数】选项卡，如图 7-11 所示。设置【安全高度】为 100，【参考高度】为 20，【进给下刀位置】为 3，【加工曲面的预留量】为 0.3。选择【进/退刀向量】复选框，单击 进/退刀向量 按钮，打开如图 7-12 所示的【进/退刀向量】对话框，分别设置【垂直进刀角度】为 3，【进刀引线长度】为 5。单击确认按钮 完成设置。

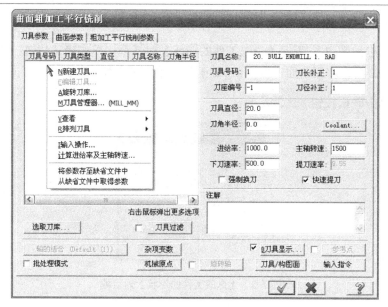

图 7-8　刀具选择及参数设置

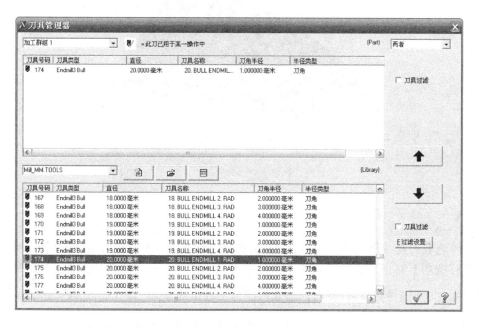

图 7-9　刀具管理器

(7)　粗加工平行铣削参数设置。单击如图 7-10 所示的【粗加工平行铣削参数】标签，打开如图 7-13 所示的【粗加工平行铣削参数】选项卡，【整体误差】设置为 0.1，【切削方式】选择【双向】，【最大 Z 轴进给量】为 1.0，【最大切削间距】设为 5，【加工角度】设为 45；【下刀控制】选择【切削路径允许连续下刀提刀】；选择【允许沿面下降切削】、【允许沿面上升切削】。单击 D切削深度 按钮，设置如图 7-14 所示的参数。单击 E高级设置 按钮，设置如图 7-15 所示的参数，单击确认按钮 ✓ 。

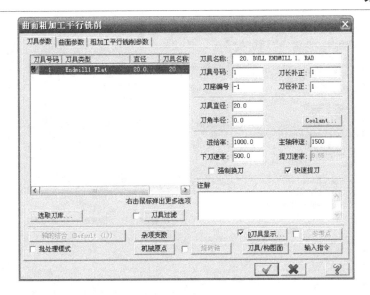

图 7-10　刀具参数设置

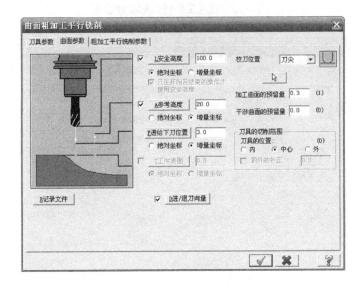

图 7-11　曲面参数设置

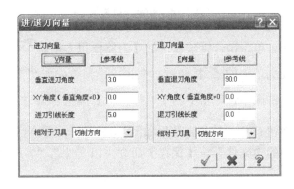

图 7-12　进/退刀向量设置

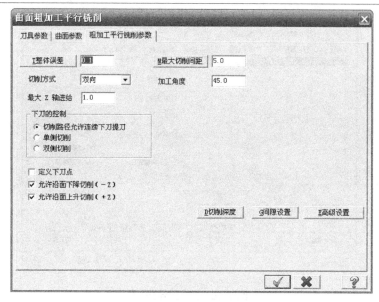

图 7-13 粗加工平行铣削参数设置

图 7-14 切削深度设置

(8) 模拟刀具路径。单击操作管理器中的【刀路模拟】按钮 ，打开【刀路模拟】对话框，单击刀路模拟控制条中的 按钮进行模拟。模拟效果如图 7-16 所示。

(9) 加工模拟。单击操作管理器中的【模拟加工】按钮 ，打开【实体切削验证】对话框。单击【执行】按钮 ，其仿真结果如图 7-17 所示。

(10) 选择菜单栏中的【文件】→【保存】命令，以文件名 "7-1-complete" 保存文件。

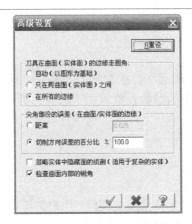

图 7-15　高级设置

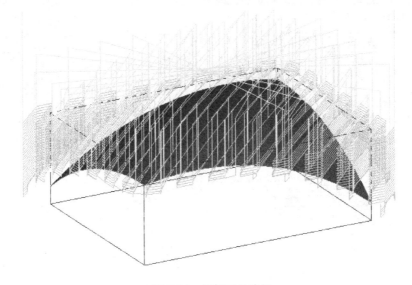

图 7-16　模拟刀具路径

图 7-17　加工模拟

7.1.4　案例技巧点评

粗加工平行铣削产生每行相互平行的粗切刀具路径，适合较平坦的曲面加工。本例中最重要的是步骤(5)、(6)、(7)中的参数设置对加工路径的影响。

7.1.5　知识总结

1．公用参数的含义和设置

对于所有的 8 个粗加工和 11 种精加工模组，用户都可以使用如图 7-18 所示的【曲面参数】选项卡。下面介绍【曲面参数】这一公用参数的含义和设置。

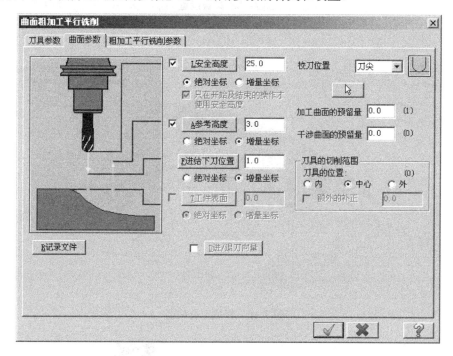

图 7-18　【曲面参数】选项卡

1)　高度设置

【曲面参数】选项卡中用了 4 个参数来定义 Z 方向的刀具路径：安全高度、参考高度、进给下刀位置和工件表面。这些参数与二维加工模组中对应的参数的含义相同，所不同的是由于最后切削深度是根据曲面的外形自动设置的，所以在【曲面参数】选项卡中没有该选项。

2)　记录文件

在生成曲面加工刀具路径时，可以设置该曲面加工刀具路径的记录文件，当对该刀具路径进行修改时，记录文件可以用来加快刀具路径的刷新。单击【曲面参数】选项卡中的 R记录文件 按钮，打开如图 7-19 所示【打开】对话框，该对话框用于设置记录文件的文件名。

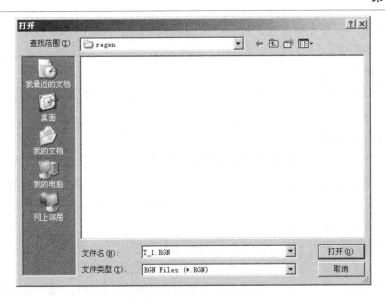

图 7-19　【打开】对话框

3)　进/退刀

在生成曲面加工刀具路径时，用户可以在刀具路径中添加进刀和退刀刀具路径。单击【曲面参数】选项卡中的 D进/退刀向量 按钮，打开如图 7-20 所示的【进/退刀向量】对话框。该对话框用来设置曲面加工时进刀和退刀的刀具路径。

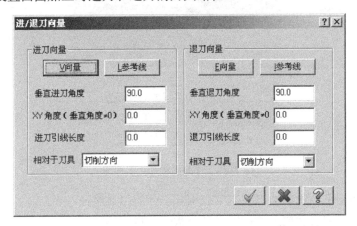

图 7-20　【进/退刀向量】对话框

进刀刀具路径参数和退刀刀具路径参数相同，各参数的含义如下。

- 【垂直进刀角度】：设置刀具路径在 Z 方向的角度。
- 【XY 角度】：设置刀具路径在水平方向的角度。
- 【进刀引线长度】：设置刀具路径的长度。
- 【相对于刀具】：设置定义 XY 角度的方向。当选择刀具平面 X 轴时，XY 角度为与刀具平面+X 轴的夹角；当选择切削方向时，XY 角度为与切削方向的夹角。
- 【向量】：单击【向量】按钮，打开【向量】对话框，用户可以在该对话框中设置刀具路径在 X、Y、Z 方向的 3 个分量来定义刀具路径的进刀角度和进刀长度。

● 参考线：单击【参考线】按钮，通过选择绘图区一条已知直线来定义刀具路径的角度和长度。

4) 加工曲面/实体

【曲面参数】选项卡中的【加工曲面的预留量】选项用于设置加工曲面/实体的表面预留量。单击 按钮，可以重新选取加工曲面/实体。

5) 干涉曲面/实体

【曲面参数】选项卡中的【干涉曲面的预留量】选项用于设置干涉曲面/实体的表面预留量。单击 按钮，可以重新选取加工曲面/实体。选取了干涉曲面/实体后，在生成刀具路径时，系统按设置的预留量，使用选取的干涉曲面对刀具路径进行干涉检查。

6) 刀具切削范围

【曲面参数】选项卡中的【刀具的切削范围】选项用于设置加工时的切削范围。系统采用一封闭串连来定义切削范围，刀具切削范围可以设置为选取封闭串连的内、外或仅在封闭串连上的中心。当刀具切削范围设置为选取串连的内或外时，还可以设置切削范围与串连的偏移值。单击 按钮，可以重新定义切削范围的封闭串连。

2. 外形铣削粗加工的基本步骤和参数设置

Mastercam X 提供了 8 种曲面粗加工方式，选择【刀具路径】→【曲面粗加工】命令，将打开如图 7-21 所示的菜单。

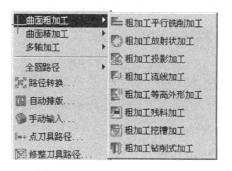

图 7-21　【曲面粗加工】菜单

● 【粗加工平行铣削加工】：生成相互平行的刀具路径。
● 【粗加工放射状加工】：生成发散状的刀具路径。
● 【粗加工投影加工】：将已有的刀具路径或几何图形投影到某一曲面生成刀具路径。
● 【粗加工流线加工】：生成沿曲面流线方向的刀具路径。
● 【粗加工等高外形加工】：生成沿着曲面等高线反向的刀具路径。
● 【粗加工残料加工】：生成清除前一刀具路径残余材料的刀具路径。
● 【粗加工挖槽加工】：沿着槽的边界，生成曲面挖槽刀具路径。
● 【粗加工钻削式加工】：在 Z 轴反向下降生成刀具路径。

下面重点介绍平行铣削粗加工的基本步骤和参数设置。

平行切削粗加工的基本步骤如下。

(1) 创建基本几何图形或读取曲面或实体的文件，选取机床型号，在仿真的时候一般为默认机床。

(2)　选择【刀具路径】→【曲面粗加工】→【粗加工平行切削加工】命令，选取工件形状。

(3)　在【选取工件的形状】对话框选取了形状特性后，选取要加工的曲面或实体，设置刀具路径参数。

(4)　选择刀具并设置刀具参数。

(5)　设置曲面参数。

(6)　设置平行铣削参数。

(7)　校验刀具路径。

(8)　真实加工模拟。

(9)　根据后处理程序，创建 NCI 文件和 NC 文件，并将其传送至数控机床。

平行切削粗加工的参数设置如下所示。

1)　选取工件的形状

选择【刀具路径】→【曲面粗加工】→【粗加工平行切削加工】命令，打开如图 7-22
所示的对话框，其中有【凸】、【凹】和【未定义】三个选项。

图 7-22　【选取工件的形状】对话框

● 选取【凸】选项的时候，切削方式采用单向加工，Z 方向采用双侧切削并且不允许作 Z 轴负向切削。

● 选取【凹】选项的时候，切削方式可以采取"之"字形的切削方式，允许刀具上下多次进刀和退刀，并且 Z 轴正向和负向都作切削运动。

● 选取【未定义】选项的时候，则使用默认值。

2)　刀具路径的曲面选取

在【选取工件的形状】对话框选取了形状后，绘图区中系统提示选取加工曲面，选取要加工的曲面或实体后，按 Enter 键，打开如图 7-23 所示的【刀具路径的曲面选取】对话框。该对话框中有【加工曲面】、【干涉曲面】、【切削范围边界】和【指定下刀点】4 个操作选项。其中【加工曲面】和【干涉曲面】中有一个 显示 按钮，单击该按钮可以显示其加工曲面或在加工中的干涉曲面。确定曲面后，单击确认按钮 即可。

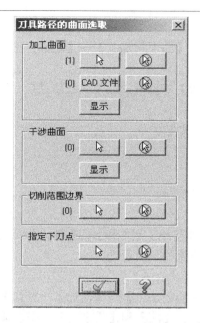

图 7-23 【刀具路径的曲面选取】对话框

3) 平行铣削参数

在【曲面粗加工平行铣削】对话框中，【粗加工平行铣削参数】选项卡是平行铣削加工专用的参数设置，如图 7-24 所示。在该选项卡中，可以设置曲面的整体误差、最大切削间距、切削方式、加工角度、下刀控制等。各参数含义如下。

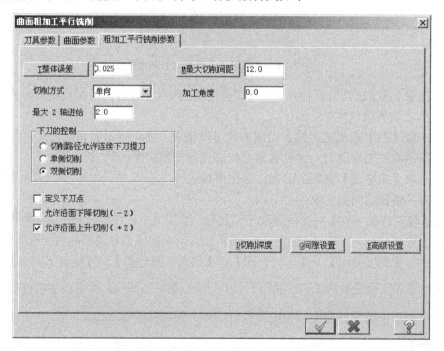

图 7-24 【粗加工平行铣削参数】选项卡

①　整体误差。

该文本框用来设置刀具路径与实体或曲面模型的整体精度误差，其值越小精度越高，需要的计算量就越大，加工得到的曲面越接近真实曲面。

单击 T整体误差 按钮，打开如图 7-25 所示的【整体误差设置】对话框，用户可根据实际加工要求对其进行刀具路径误差的设置。

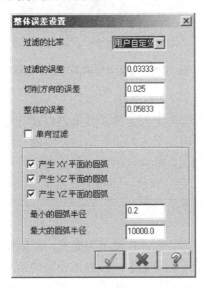

图 7-25　【整体误差设置】对话框

- 【整体的误差】：其值为过滤的误差和切削的误差之和。
- 【过滤的比率】：指在整体误差中，过滤误差和切削误差的比例。
- 【过滤的误差】：是指当两条相邻路径之间的距离小于或等于指定值时，系统自动将这两条路径合围成一条，以精简刀具路径，提高加工效率。
- 【切削方向的误差】：是指刀具路径逼近真实曲面的精度，指定值越小越接近真实曲面，生成 NC 程序越多，加工时间越长。
- 【产生圆弧】：目的是在过滤刀具路径时，允许使用一段半径在指定范围内的圆弧路径取代原有的路径。

②　最大切削间距。

设置同一层两个相邻切削路径之间的距离。该值越大，说明加工的精度越低，但其生成的刀具路径数目就越少；值越小，其加工精度就越高，但生成的刀具路径数目就越多。粗加工时，切削间距设置要尽可能大，以提高加工效率，但是该值必须小于刀具直径。

单击 M最大切削间距 按钮，打开如图 7-26 所示的【最大切削间距】对话框。

- 【残脊在平坦区域的大概高度】用于设置刀具路径在一平坦曲面的一个凹坑的高度，如果用户修改该值，最大步距和近似凹坑高度在 45°处将自动修正。
- 【残脊在 45 度斜面的大概高度】用于设置刀具路径的 45°壁的一个凹坑的高度，如果用户修改该值，最大步距和近似凹坑高度在 45°处将自动修正。

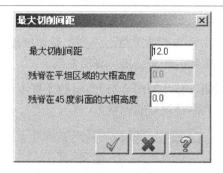

图 7-26　【最大切削间距】对话框

③　切削方式。

用于设置刀具在 XY 轴方向的走刀方式,其走刀方式有【单向】和【双向】两种。

● 　【单向】:刀具只能沿一个方向进行切削,完成一行切削后,抬刀返回到起始侧,然后进行下一行的加工。单向铣削可以保证切削方向一致,有利于提高加工质量。

● 　【双向】:刀具加工完一行后,不抬刀,反向转向下一行。双向切削可以减少加工时间,提高加工效率。

④　下刀的控制。

下刀的控制主要包括切削路径允许连续下刀提刀、单侧切削和双侧切削。

● 　【切削路径允许连续下刀提刀】:在加工曲面的两边连续地下刀提刀。

● 　【单侧切削】:只在曲面的一边加工,不加工另一侧。

● 　【双侧切削】:在加工曲面的一侧,连续加工另外一侧。

⑤　切削深度。

单击 **D切削深度** 按钮,打开如图 7-27 所示【切削深度的设定】对话框,在对话框中可选取【绝对坐标】和【增量坐标】的方式来设置切削深度。

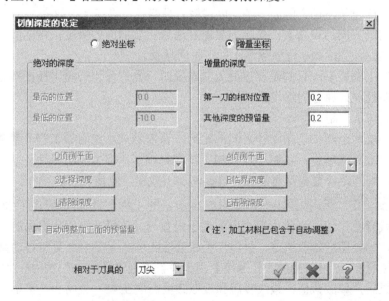

图 7-27　【切削深度的设定】对话框

⑥ 间隙设置。

单击 <u>G间隙设置</u> 按钮，打开如图 7-28 所示的【刀具路径的间隙设置】对话框。在该对话框中可以设置刀具路径容许的间隙和位移小于容许间隙时提不提刀等参数。

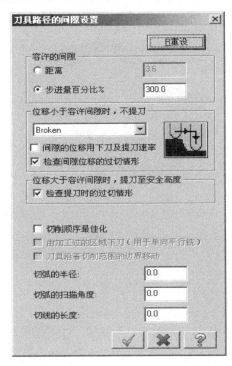

图 7-28 【刀具路径的间隙设置】对话框

⑦ 高级设置。

单击 <u>E高级设置</u> 按钮，打开如图 7-29 所示的【高级设置】对话框。在该对话框可设置在曲面的边缘走圆角和尖角部分的误差等。

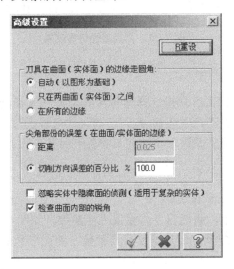

图 7-29 【高级设置】对话框

7.1.6 实战练习

打开第 7 章中的源文件"7-1-practice",如图 7-30 所示。对该图所示轮廓曲面进行粗加工平行铣削,结果如图 7-31 所示。

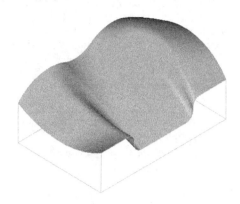

图 7-30 粗加工平行铣削曲面图

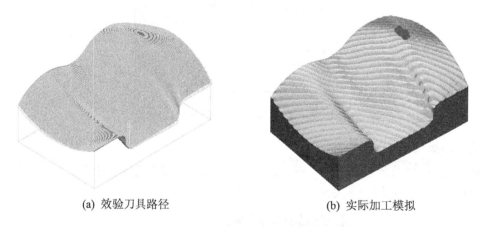

(a) 效验刀具路径   (b) 实际加工模拟

图 7-31 刀具路径仿真效果

【建模分析】

针对本例的外形铣削加工,直接选择【机床类型】→【铣削】→【默认】命令,即选择系统默认的铣床来进行加工。毛坯的 X、Y 向尺寸可以通过边界盒作自动获取,材料选择为铝材。刀具选用圆鼻刀,并进一步对刀具参数和外形铣削参数进行合理的设置。

【操作步骤提示】

(1) 打开源文件"7-1-practice.MCX"。

(2) 选择铣削加工机床,通过边界盒设置毛坯参数,如图 7-32 所示。

(3) 新建刀具路径,选择刀具并设置刀具参数、曲面参数和粗加工平行铣削参数,如图 7-33~图 7-37 所示。

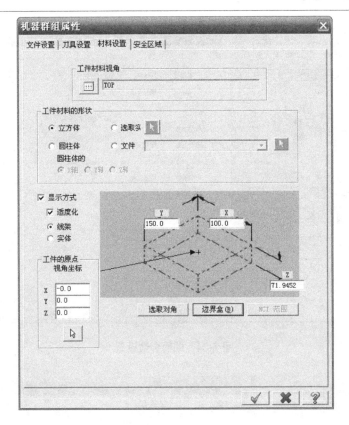

图 7-32　毛坯设置

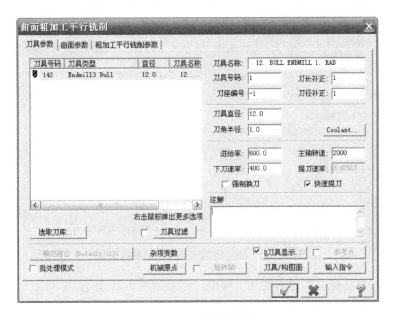

图 7-33　刀具参数设置

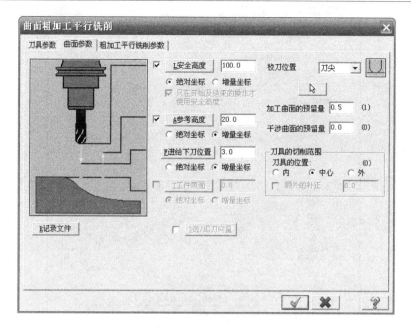

图 7-34　曲面参数设置

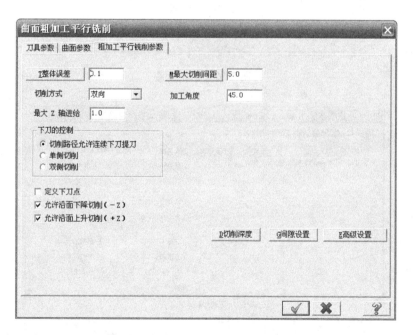

图 7-35　曲面粗加工平行铣削参数设置

(4) 校验刀具路径并进行真实加工模拟，结果如图 7-31 所示。

(5) 以文件名"7-1-practice-complete"保存文件。

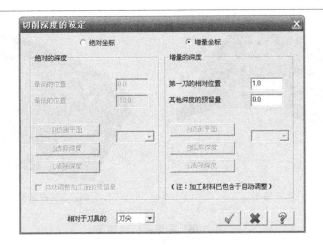

图 7-36　切削深度的设定

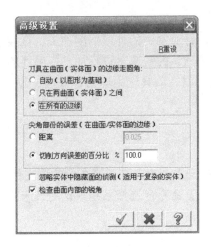

图 7-37　高级设置

7.2　曲面精加工

曲面精加工用于曲面粗加工后生成工件的精加工刀具路径，重点是保证被加工工件的精度。精加工采用的加工方法与粗加工有一些区别，下面介绍曲面精加工中各参数的设置。

7.2.1　案例介绍及知识要点

利用第 7 章的源文件"7-2.MCX"，对图 7-38(a)所示轮廓曲面进行外形平行精加工，结果如图 7-38(b)所示。

【知识要点】

- 各种精加工方法的使用范围。
- 曲面平行精加工的基本步骤及参数设置。

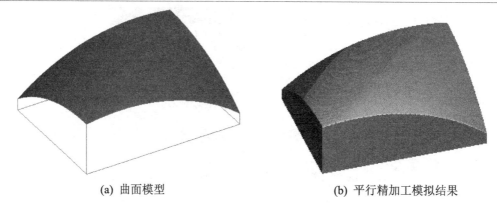

(a) 曲面模型　　　　　　　　　(b) 平行精加工模拟结果

图 7-38　曲面平行精加工

7.2.2　工艺流程分析

首先需要挑选一台机床，针对本例的外形铣削加工，直接选择【机床类型】→【铣削】→【默认】命令，即选择系统默认的铣床来进行加工。毛坯的 X、Y 向尺寸可以通过边界盒作自动获取，材料选择为铝材。刀具选用球刀，并进一步对刀具参数和外形铣削参数进行合理的设置。

7.2.3　操作步骤

(1)　执行【文件】→【打开】命令，打开第 7 章的源文件"7-2.MCX"。接着选择【机床类型】→【铣削】→【默认】命令，选择系统默认的铣床来进行加工，如图 7-39 所示为操作管理器。

图 7-39　操作管理器

(2)　毛坯设置。单击如图 7-39 所示的【材料设置】按钮，打开的对话框如图 7-40 所示。单击【边界盒】按钮 边界盒(B)，弹出如图 7-41 所示【边界盒选项】对话框，单击确认按钮 ，完成毛坯的设置。

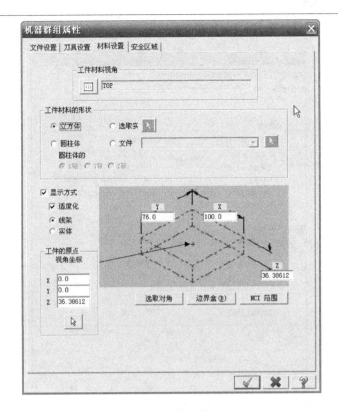

图 7-40　工件毛坯设置

图 7-41　边界盒选项

(3) 材质设置。选取材料为 ALUMINUM mm – 2024，如图 7-42 所示。

图 7-42　选取材质

(4) 选取刀具路径。选择【刀具路径】→【曲面精加工】→【精加工平行铣削加工】命令。选择如图 7-43 所示曲面为加工曲面，按 Enter 键确认。系统弹出【刀具路径的曲面选取】对话框，单击确认按钮 ✓ 。

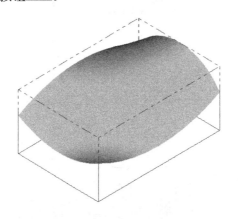

图 7-43　选取加工曲面

(5) 选取刀具并进行参数设置。选择完被加工曲面后，系统弹出如图 7-44 所示【曲面精加工平行铣削】对话框。在刀具栏空白处单击鼠标右键，选择【刀具管理器】命令，系统弹出如图 7-45 所示的刀具管理器，选取直径为 12 的球刀，单击加入按钮 ⬆ ，单击确认按钮 ✓ 完成刀具的选择。返回【刀具参数】选项卡继续刀具参数的设置，设置【进给率】为800，【主轴转速】为2000，【下刀速率】为500，选中【快速提刀】，其余参数设置如图7-46所示。

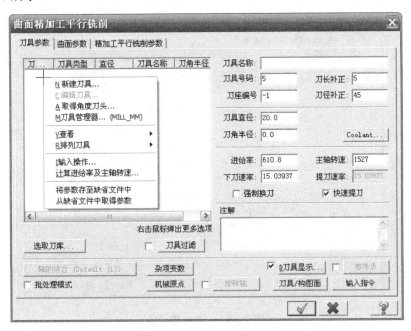

图7-44   刀具选择及参数设置

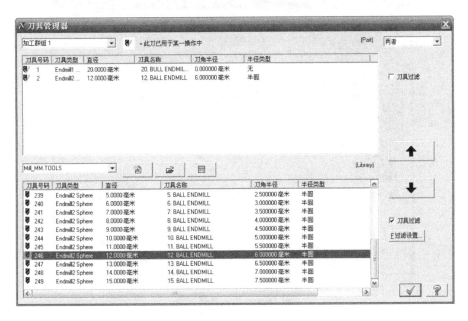

图7-45   刀具管理器

(6) 曲面参数设置。单击如图7-44所示的【曲面参数】标签，打开如图7-47所示的【曲面参数】选项卡。设置【参考高度】为20，【进给下刀位置】为3，【加工曲面的预留量】为0.3。选择【进/退刀向量】复选框，单击 D进/退刀向量 按钮，打开如图7-48所示的【进/

退刀向量】对话框，分别设置【垂直进刀角度】为3，【进刀引线长度】为5。单击确认按钮 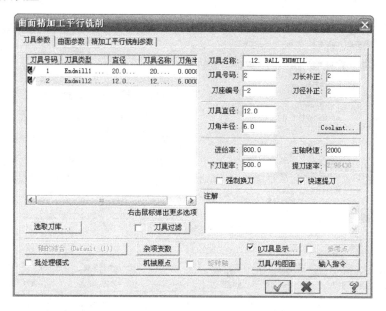，完成设置。

图 7-46　刀具参数设置

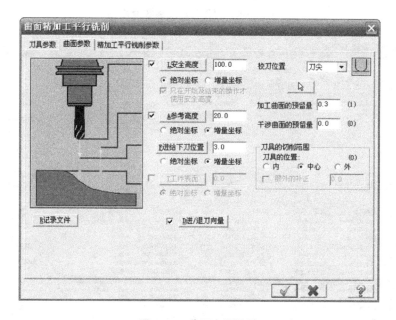

图 7-47　曲面参数设置

(7) 精加工平行铣削参数设置。单击如图 7-44 所示的【精加工平行铣削参数】标签，打开如图 7-49 所示的【精加工平行铣削参数】选项卡，【整体误差】设置为 0.025，【切削方式】选择【双向】，【最大切削间距】设为 1，【加工角度】设为 45；继续单击 E高级设置 按钮，设置如图 7-50 所示的参数，单击确认按钮。

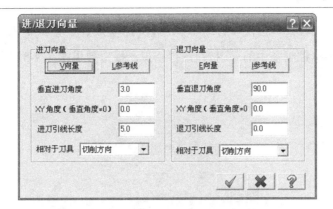

图 7-48　进/退刀向量设置

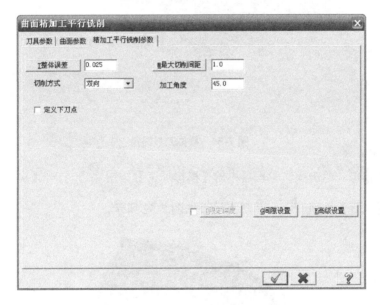

图 7-49　精加工平行铣削参数设置

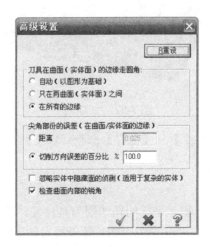

图 7-50　高级设置

(8) 模拟刀具路径。单击操作管理器中的【刀路模拟】按钮 ≋，打开【刀路模拟】对话框，单击刀路模拟控制条中的 ▶ 按钮进行模拟。模拟效果如图 7-51 所示。

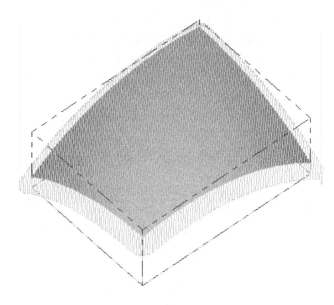

图 7-51　模拟刀具路径

(9) 加工模拟。单击操作管理器中的【模拟加工】按钮 ◈，打开【实体切削验证】对话框。单击【执行】按钮 ▶，其仿真结果如图 7-52 所示。

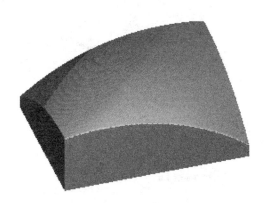

图 7-52　加工模拟

(10) 选择菜单栏中的【文件】→【保存】命令，以文件名"7-2-complete"保存文件。

7.2.4　案例技巧点评

精加工平行铣削产生每行相互平行的精切削刀具路径，适合较平坦的曲面加工。本例中最重要的是步骤(5)、步骤(6)、步骤(7)中的参数设置对加工路径的影响。

7.2.5　知识总结

Mastercam X 提供了 11 种曲面精加工方式，选择【刀具路径】→【曲面精加工】命令，将打开如图 7-53 所示的菜单。

图 7-53　【曲面精加工】菜单

- 精加工平行铣削加工：适用于坡度不大，较为平缓的曲面。
- 精加工平行陡斜面加工：适用于加工较陡曲面上的残留材料。
- 精加工放射状加工：刀具路径形式与放射状粗加工相似。
- 精加工投影加工：将已有的刀具路径或几何图形投影到指定的加工曲面上，生成精加工刀具路径。
- 精加工流线加工：沿曲面流线生成精加工刀具路径。
- 精加工等高外形：与【粗加工等高外形】类似。
- 精加工浅平面加工：加工较为平坦的曲面。
- 精加工交线清角加工：用于两个或以上曲面的交角加工。
- 精加工残料加工：清除先前操作遗留下来的未加工材料。
- 精加工环绕等距加工：产生一组环绕工件曲面且彼此等距的刀具路径。
- 精加工混合加工：针对两条曲线所确定的区域实施的一种高效曲面外形的加工方式。

在以上的精加工中，除了精加工平行陡斜面、精加工交线清角加工、精加工环绕等距加工和精加工混合加工外，其余七种精加工都在粗加工中使用过，其参数设置有相当一部分内容和曲面粗加工的含义相同。

7.2.6　实战练习

打开第 7 章中的源文件"7-2-practice"，如图 7-54 所示。对该图所示轮廓曲面进行精加工平行铣削，结果如图 7-55 所示。

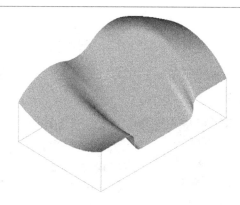

图 7-54　粗加工平行铣削曲面图

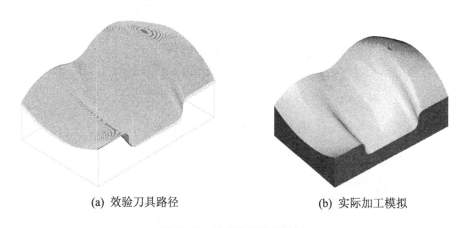

(a) 效验刀具路径　　　　　　　(b) 实际加工模拟

图 7-55　刀具路径仿真效果

【建模分析】

　　针对本例的外形铣削精加工，直接选择【机床类型】→【铣削】→【默认】命令，即选择系统默认的铣床来进行加工。毛坯的 X、Y 向尺寸可以通过边界盒作自动获取，材料选择为铝材。刀具选用球刀，并进一步对刀具参数和外形铣削参数进行合理的设置。

【操作步骤提示】

　　(1)　打开源文件"7-2-practice.MCX"。

　　(2)　选择铣削加工机床，通过边界盒设置毛坯参数，如图 7-56 所示。

　　(3)　新建刀具路径，选择刀具并设置刀具参数、曲面参数和精加工平行铣削参数，如图 7-57～图 7-60 所示。

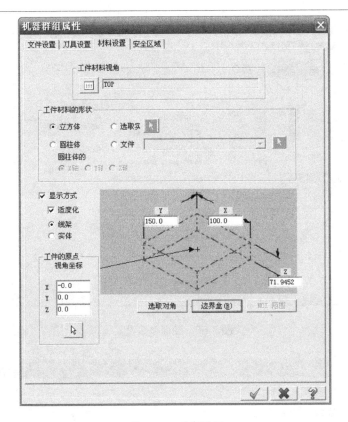

图 7-56 毛坯设置

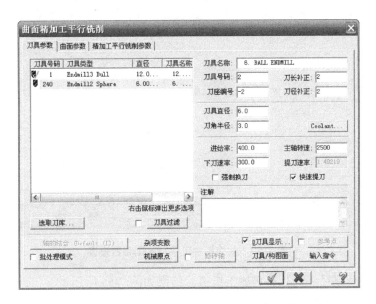

图 7-57 刀具参数设置

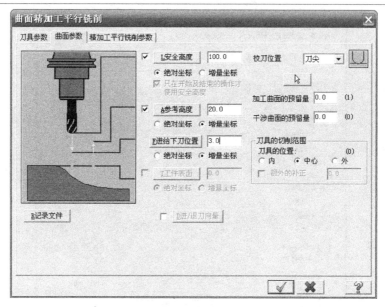

图 7-58　曲面参数设置

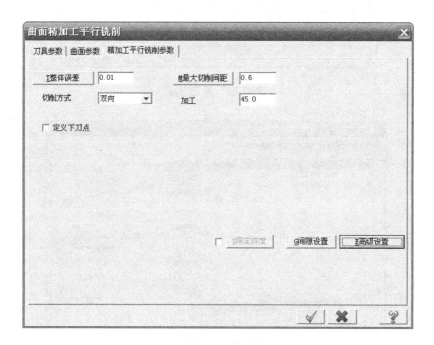

图 7-59　曲面精加工平行铣削参数设置

(4)　效验刀具路径并进行真实加工模拟，结果如图 7-55 所示。

(5)　以文件名"7-2-practice-complete"保存文件。

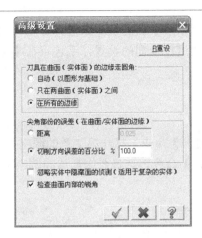

图 7-60　高级设置

7.3　多 轴 加 工

多轴数控加工是近几年发展起来的一项热门技术,下面以实例介绍曲面五轴的加工方法和参数设置。

7.3.1　案例介绍及知识要点

利用第 7 章的源文件"7-3.MCX",对如图 7-61(a)所示轮廓曲面进行多轴加工,结果如图 7-61(b)所示。

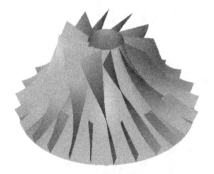

(a) 曲面模型

(b) 五轴加工模拟结果

图 7-61　五轴加工

【知识要点】

曲面五轴加工方法的参数设置。

7.3.2　工艺流程分析

首先需要挑选一台机床,针对本例的多曲面铣削加工,直接选择【机床类型】→【铣削】→【默认】命令，即选择系统默认的铣床来进行加工。刀具选用球刀，并进一步对多轴加工参数和多曲面五轴参数进行合理的设置，毛坯可在【实体加工模拟】对话框的配置选项中进行设置。

7.3.3 操作步骤

(1) 执行【文件】→【打开】命令，打开第 7 章的源文件"7-3.MCX"。接着选择【机床类型】→【铣削】→【默认】命令，选择系统默认的铣床来进行加工，如图 7-62 所示为操作管理器。

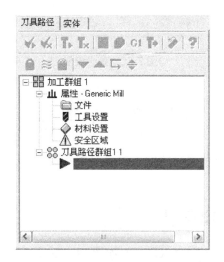

图 7-62 操作管理器

(2) 选取刀具路径。选择【刀具路径】→【多轴加工】→【曲面五轴加工】命令。窗选如图 7-63 所示曲面为加工曲面，按 Enter 键确认。

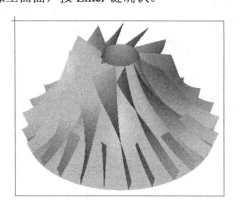

图 7-63 选取加工曲面

(3) 选取刀具并进行参数设置。选择完被加工曲面后，系统弹出如图 7-64 所示【多曲面五轴】对话框。在刀具栏空白处单击鼠标右键，选择【刀具管理器】命令，系统弹出如图 7-65 所示的刀具管理器，选取直径为 6mm 的球刀，单击加入按钮　↑　，单击确认

按钮 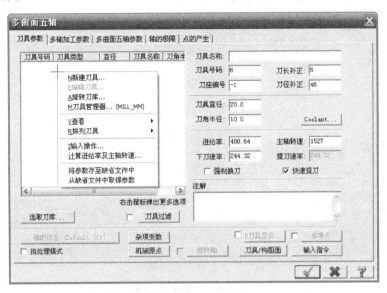 完成刀具的选择。返回【刀具参数】选项卡继续刀具参数的设置，设置【进给率】为 500，【主轴转速】为 2500，【下刀速率】为 300，选中【快速提刀】，其余参数设置如图 7-66 所示。

图 7-64　刀具选择及参数设置

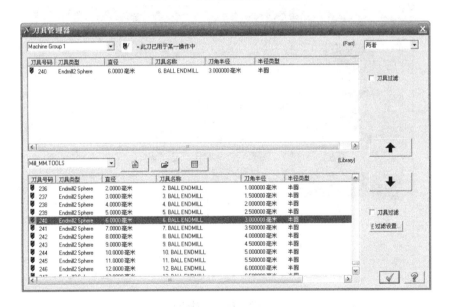

图 7-65　刀具管理器

(4) 多轴加工参数设置。单击【多轴加工参数】标签，打开如图 7-67 所示的【多轴加工参数】选项卡。设置【参考高度】为 50，【进给下刀位置】为 5，【加工曲面预留量】为 1。

(5) 多曲面五轴铣削参数设置。单击【多曲面五轴参数】标签，打开如图 7-68 所示的

【多曲面五轴参数】选项卡，【截断的间距】设为 0.8，【切削的间距】设为 0.8，其余采用默认设置，单击确认按钮 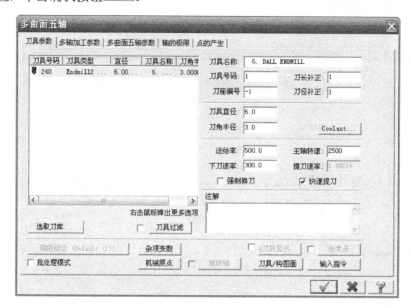 。

图 7-66　刀具参数设置

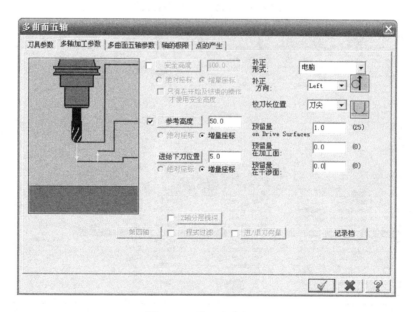

图 7-67　曲面参数设置

(6)　模拟刀具路径。单击操作管理器中的【刀路模拟】按钮 ，打开【刀路模拟】对话框，单击刀路模拟控制条中的 按钮进行模拟。模拟效果如图 7-69 所示。

(7)　加工模拟。单击操作管理器中的【模拟加工】按钮 ，系统弹出如图 7-70 所示提示对话框，单击确认按钮 ，再单击【实体切削验证】对话框中的【配置】按钮 ，

设置如图 7-71 所示的工件参数，单击确认按钮 ✓。接着在【实体切削验证】对话框中
设置显示控制参数均为 10，如图 7-72 所示。单击【执行】按钮 ▶，其仿真结果如图 7-73
所示。

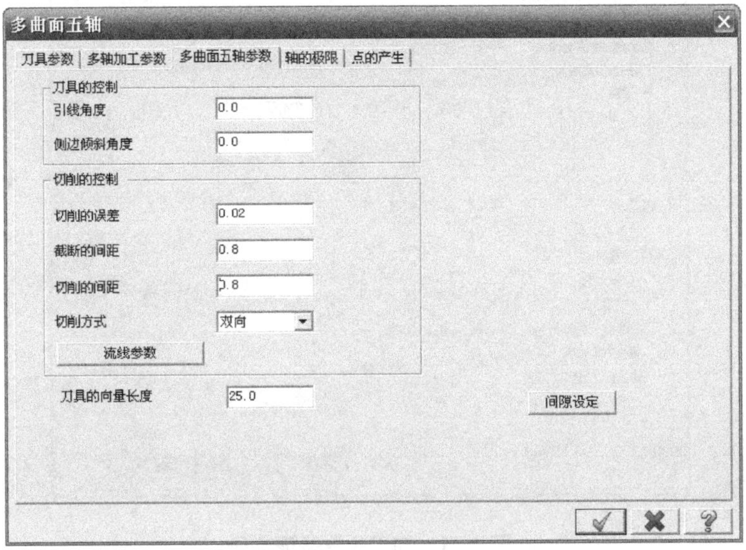

多曲面五轴

刀具参数 | 多轴加工参数 | 多曲面五轴参数 | 轴的极限 | 点的产生 |

刀具的控制
引线角度   0.0
侧边倾斜角度   0.0

切削的控制
切削的误差   0.02
截断的间距   0.8
切削的间距   0.8
切削方式   双向 ▼
        流线参数

刀具的向量长度   25.0   间隙设定

        ✓   ✗   ?

图 7-68 高级设置

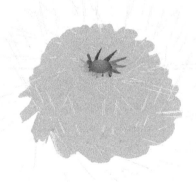

图 7-69 模拟刀具路径

图 7-70 系统警告

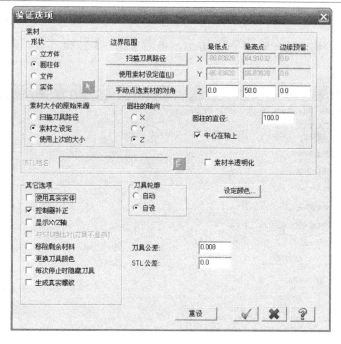

图 7-71　加工模拟验证选项

图 7-72　【实体切削验证】对话框

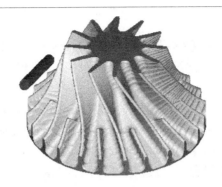

图 7-73 加工模拟

(8) 选择菜单栏中的【文件】→【保存】命令，以文件名"7-3-complete"保存文件。

7.3.4 案例技巧点评

复杂曲面的加工需要采用多轴加工，本例的涡轮叶片为典型的五轴加工实例，操作过程中要注意步骤(4)、(5)中的参数设置对加工路径的影响，还有步骤(7)中对工件毛坯的设置。

7.3.5 知识总结

通过上述叶片加工案例学会五轴加工主要选项卡参数的设置，可以在【曲线五轴加工参数】对话框中设置输出格式、刀具路径类型、曲线类型、刀具轴方向以及点的位置等，在【多曲面五轴参数】选项卡中设置刀具的控制和切削的控制。

同曲面五轴加工类似，曲线五轴加工多用于加工外形边界。为了读者能够顺利完成实战练习，下面对五轴轴线加工的选项卡进行简单介绍。

选择【刀具路径】→【多轴加工】→【曲线五轴加工】命令，打开如图 7-74 所示【曲线五轴加工参数】对话框。可以在其中设置输出格式、刀具路径类型、曲线类型、刀具轴方向以及点的位置等。

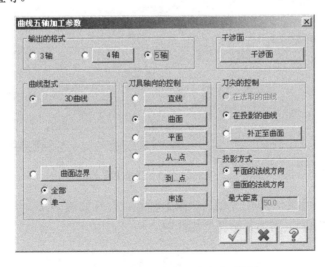

图 7-74 【曲线五轴加工参数】对话框

部分参数含义如下。

- 【输出的格式】：有【3 轴】、【4 轴】和【5 轴】刀具路径，可根据需要选取，选取【3 轴】刀具路径时不需要进行刀具路径的设置。

- 【曲线型式】：有【3D 曲线】和【曲面边界】两种。当选取【曲面边界】的时候，可以选取曲面的全部或单一边界作为刀具路径的几何模型。

- 【刀具轴向的控制】：在此模块中，有【直线】、【曲面】、【平面】、【从…点】、【到…点】和【串连】等轴向控制线。

- 【干涉面】：用于设置加工过程中的干涉面，单击该按钮后，绘图区中系统提示选取干涉面。

- 【刀尖的控制】：该模块用于在刀具路径中设置刀尖。有【在选取曲线】、【在投影的曲线】和【补正至曲面】三种方式。

- 【投影方式】：用于设置刀具轴方向。

设置完毕后，打开如图 7-75 所示的【曲线五轴加工参数】选项卡。其部分参数含义如下。

- 【刀具的控制】：刀具的控制中的补正方向有【左】、【无】和【右】三种补正方向。当选取了补正方向后，在【径向的补正】中输入距离设置。

- 【曲线计算方式】：有【步进量】和【弦差】两种计算方式。【步进量】是按固定步长进行刀具路径的拟合；【弦差】是按设置的弦高进行刀具路径的拟合。

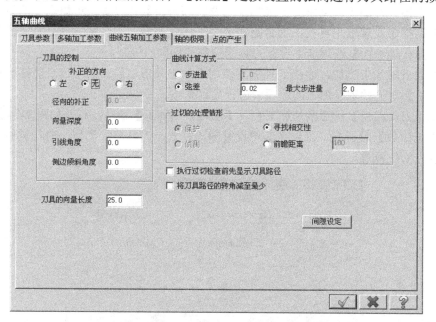

图 7-75　【曲线五轴加工参数】选项卡

设置完毕加工参数后，单击【轴的极限】标签，打开如图 7-76 所示【轴的极限】选项卡，可以根据轴的限制，对刀具路径产生影响。

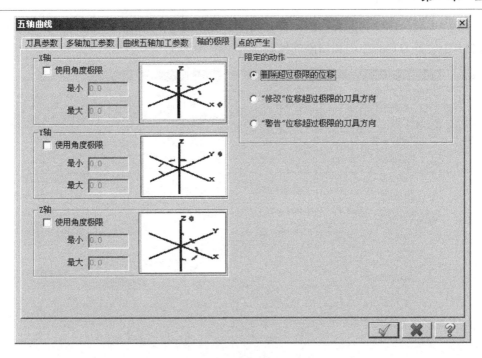

图 7-76　【轴的极限】选项卡

　　设置完毕轴的极限参数后，单击【点的产生】标签，打开如图 7-77 所示【点的产生】选项卡。其功能是在刀具路径结束后添加一个额外的点，使刀具切削到此处，以获得较好的加工质量。

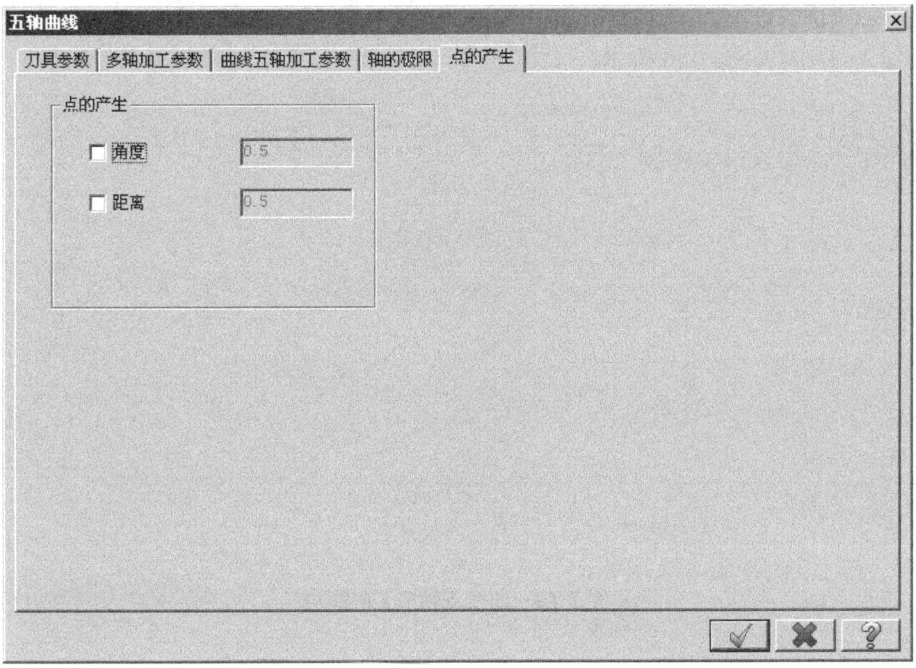

图 7-77　【点的产生】选项卡

设置完毕后，确定并选择曲面，打开如图 7-78 所示的【多曲面五轴参数】选项卡，在该选项卡中设置刀具的控制和切削的控制。

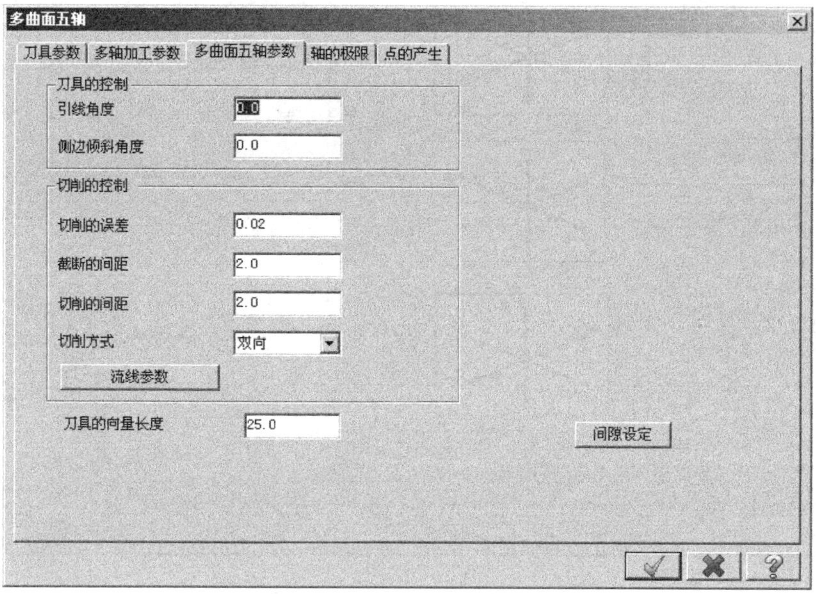

图 7-78   【多曲面五轴参数】选项卡

7.3.6   实战练习

打开第 7 章中的源文件"7-3-practice"，如图 7-79 所示。对该图所示瓶身曲线进行曲线五轴加工，结果如图 7-80 所示。

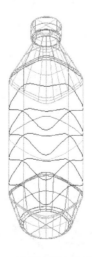

图 7-79   曲线五轴加工的瓶身

(a) 效验刀具路径　　　　　　　　　(b) 实际加工模拟

图 7-80　刀具路径仿真效果

【建模分析】

　　针对本例的多曲面铣削加工，直接选择【机床类型】→【铣削】→【默认】命令，即选择系统默认的铣床来进行加工。刀具选用球刀，并进一步对多轴加工参数和多曲面五轴参数进行合理的设置，毛坯可在【实体加工模拟】对话框的配置选项中进行设置。

【操作步骤提示】

(1)　打开源文件"7-3-practice.MCX"。

(2)　选择铣削加工机床，通过边界盒设置毛坯参数，如图 7-81 所示。

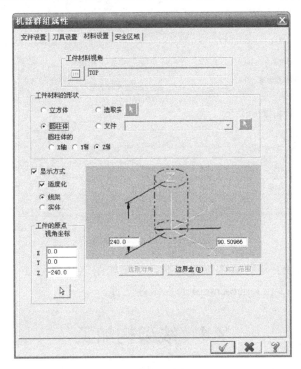

图 7-81　毛坯设置

(3) 新建刀具路径，选择刀具并设置刀具参数和多轴加工参数、曲线五轴加工参数，如图 7-82 和图 7-83 所示。

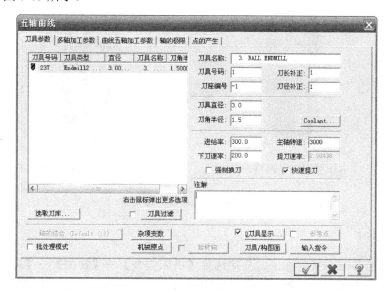

图 7-82　刀具参数设置

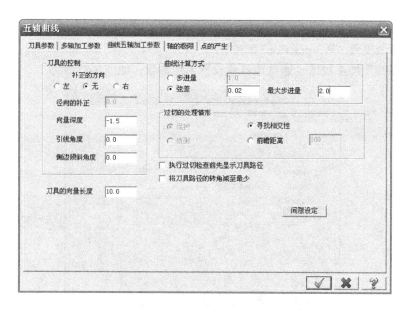

图 7-83　曲面参数设置

(4) 效验刀具路径并进行真实加工模拟，结果如图 7-80 所示。

(5) 以文件名"7-3-practice-complete"保存文件。

7.4　线架构加工

本节以一个实例来介绍线架构加工和直纹加工的加工方法和参数设置。

7.4.1　案例介绍及知识要点

利用第 7 章的源文件"7-4.MCX",对图 7-84(a)所示轮廓曲面进行直纹加工,结果如图 7-84(b)所示。

(a) 线架构模型　　　　　　　　　(b) 直纹加工模拟结果

图 7-84　直纹加工

【知识要点】

- 什么是线架加工。
- 直纹加工的参数设置。

7.4.2　工艺流程分析

首先需要挑选一台机床,针对本例的直纹加工,直接选择【机床类型】→【铣削】→【默认】命令,即选择系统默认的铣床来进行加工。毛坯选圆柱形,边界通过边界盒作自动获取,材料选择为铝材。刀具选用球刀,并进一步对刀具参数和直纹加工参数进行合理的设置。

7.4.3　操作步骤

(1) 执行【文件】→【打开】命令,打开第 7 章的源文件"7-4.MCX"。接着选择【机床类型】→【铣削】→【默认】命令,选择系统默认的铣床来进行加工,如图 7-85 所示为操作管理器。

(2) 毛坯设置。单击如图 7-85 所示的【材料设置】按钮,打开如图 7-86 所示毛坯设置对话框。单击 边界盒(B) 按钮,弹出如图 7-87 所示的【边界盒选项】对话框,单击确认按钮 ✔ 完成毛坯的设置。

(3) 材质设置。选取材质为 ALUMINUM mm – 2024,如图 7-88 所示。

(4) 选取刀具路径。选择【刀具路径】→【线架构】→【直纹加工】命令。选择如图 7-89 所示曲面为加工曲面,按 Enter 键确认。

图 7-85　操作管理器

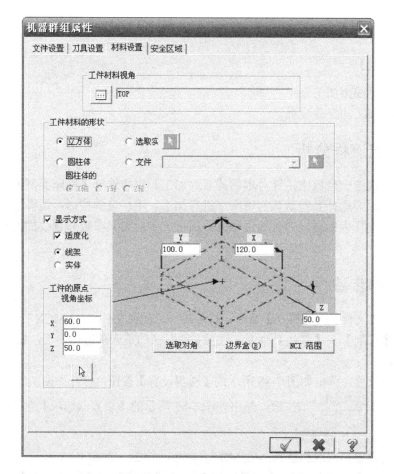

图 7-86　工件毛坯设置

图 7-87　边界盒选项

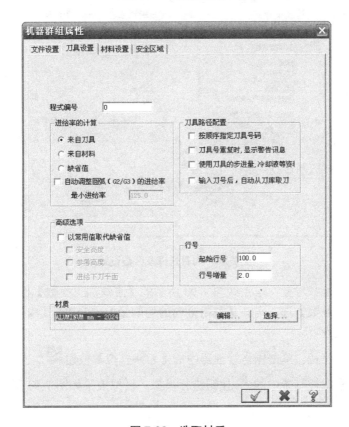

图 7-88　选取材质

图 7-89   选取加工的线架构

(5)   选取刀具并进行参数设置。选择完被加工线架后，系统弹出如图 7-90 所示【直纹】对话框。在刀具栏空白处单击鼠标右键，选择【刀具管理器】命令，系统弹出如图 7-91 所示的刀具管理器，选取直径为 12mm 的球刀，单击加入按钮 ⬆️，单击确认按钮 ✓ 完成刀具的选择。返回【刀具参数】选项卡，继续刀具参数的设置，设置【进给率】为 500，【主轴转速】为 2000，【下刀速率】为 400，选中【快速提刀】，其余参数设置如图 7-92 所示。

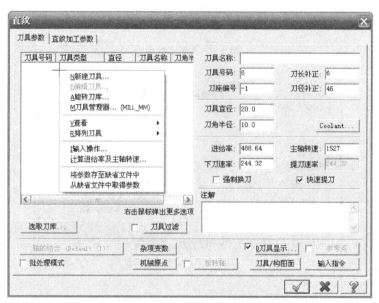

图 7-90   刀具选择及参数设置

(6)   直纹加工参数设置。单击如图 7-90 所示的【直纹加工参数】标签，打开如图 7-93 所示的【直纹加工参数】选项卡。【截断方向的切削量】设为 1，【安全高度】设为 100，其余参数采用默认设置。

(7)   模拟刀具路径。单击操作管理器中的【刀路模拟】按钮 〰️，打开【刀路模拟】对话框，单击刀路模拟控制条中的 ▶️ 按钮进行模拟。模拟效果如图 7-94 所示。

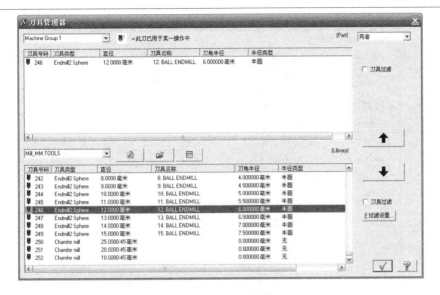

图 7-91   刀具管理器

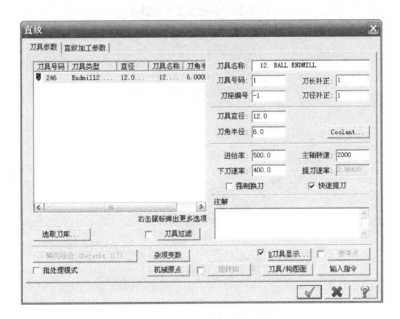

图 7-92   刀具参数设置

(8)   加工模拟。单击操作管理器中的【模拟加工】按钮 ⬛ ，打开【实体切削验证】对话框。单击【执行】按钮 ▶ ，其仿真结果如图 7-95 所示。

(9)   选择菜单栏中的【文件】→【保存】命令，以文件名 "7-4-complete" 保存文件。

Mastercam 数控编程

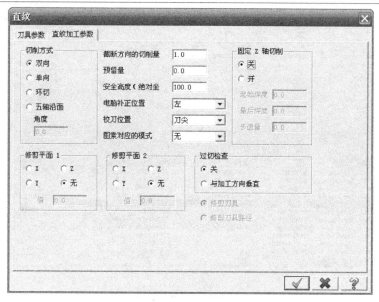

图 7-93　直纹加工参数设置

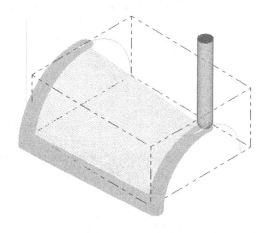

图 7-94　模拟刀具路径

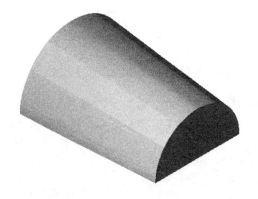

图 7-95　加工模拟

7.4.4　案例技巧点评

直纹加工路径的生成和直纹曲面类似，只是最终生成的是刀具路径，而不是直纹曲面。本例主要是要注意步骤(6)中线架构直纹加工的参数设置。

7.4.5　知识总结

线架构铣削是利用曲面创建的原理，即直接利用创建曲面时使用到的各种图素线框来生成曲面路径，而省掉了曲面创建的过程。选择【刀具路径】→【线架构加工】命令，打开如图 7-96 所示的菜单，其中包括直纹加工、旋转加工、2D 扫描加工、3D 扫描加工、混式加工和举升加工等 6 种加工方式，可根据需要选取菜单命令。

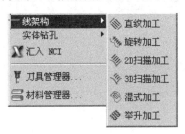

图 7-96　【线架构】菜单

直纹加工路径的生成和直纹曲面类似，只是最终生成的是刀具路径，而不是直纹曲面。

选择【刀具路径】→【线架构加工】→【直纹加工】命令，打开【串连选项】对话框，确定串连图形后，打开如图 7-97 所示的【直纹加工参数】选项卡。

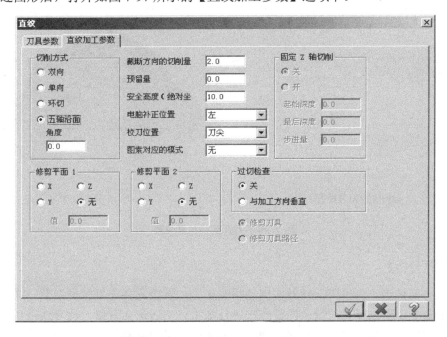

图 7-97　【直纹加工参数】选项卡

在如图 7-97 所示选项卡中可设置切削方式、切削用量、修剪平面和过切检查等，部分的加工参数含义如下。

- 【双向】：铣刀加工曲面时，来回进行切削，直到将工件加工完成为止。
- 【单向】：铣刀加工曲面时，走完第一刀后，快速提到至安全高度，再返回到开始切削的地方，下刀以同一方向作另一次切削，所有切削都是同一方向。
- 【环切】：产生一个环形刀具路径，通常只能与 Z 切削配合使用，环形切削只能用于所有边界是封闭的图形。
- 【五轴沿面】：使用五轴加工。

7.4.6 实战练习

打开第 7 章中的源文件"7-4-practice"，如图 7-98 所示。对该图所示线架构进行举升加工，结果如图 7-99。

图 7-98　举升加工线架构

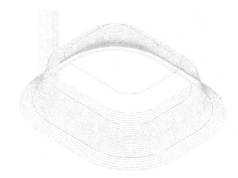

(a) 效验刀具路径

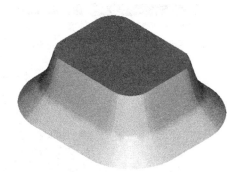

(b) 实际加工模拟

图 7-99　刀具路径仿真效果

【建模分析】

首先需要挑选一台机床，针对本例的举升加工，直接选择【机床类型】→【铣削】→【默认】命令，即选择系统默认的铣床来进行加工。毛坯选立方体，边界通过边界盒作自动获取，材料选择为铝材。刀具选用球刀，并进一步对刀具参数和举升加工参数进行合理的设置。

【操作步骤提示】

(1)　打开源文件"7-4-practice.MCX"。

(2)　选择铣削加工机床，通过边界盒设置毛坯参数，如图 7-100 所示。

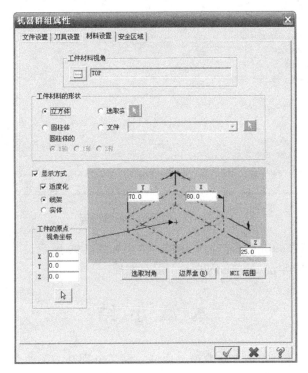

图 7-100　毛坯设置

(3)　新建刀具路径，选择刀具并设置刀具参数和举升加工参数，如图 7-101 和图 7-102 所示。

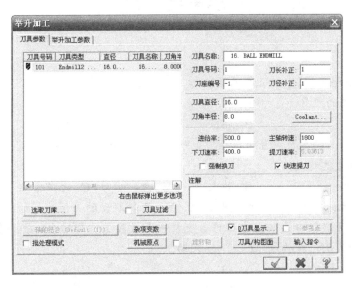

图 7-101　刀具参数设置

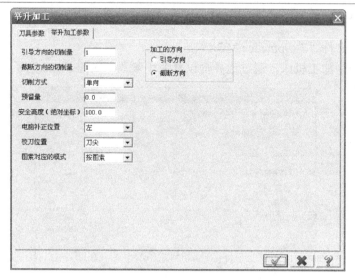

图 7-102　举升加工参数设置

(4) 效验刀具路径并进行真实加工模拟，结果如图 7-99 所示。

(5) 以文件名"7-4-practice-complete"保存文件。

本 章 小 结

本章内容循序渐进，实例丰富典型，由浅入深，分别介绍了曲面粗、精加工的方法，及多轴加工的方法、线架构加工实例。通过学习，将掌握 Mastercam X 数控加工自动编程的基本操作，为后续操作数控机床奠定基础。

思考与习题

1. 选择题

(1) 在 Mastercam X 中，三维曲面粗加工刀具要在 X、Y、Z 轴三个方向移动，一般选取(　　)作为加工的刀具。

　　A. 平刀　　　　　　　　　B. 钻头　　　　　　　　　C. 球头刀

(2) 在三维加工的参数设置对话框中，一般都有一个"整体误差"，其值(　　)精度越高，需要的计算量就越大。

　　A. 越小　　　　　　　　　B. 越大　　　　　　　　　C. 无关系

(3) 数控铣床、加工中心等普遍都是 X、Y、Z 轴联动的，但为了加工的需要，一些机床的工作台上装了数控分度头，在工作台上装一个数控工作回转台，并在数控回转工作台上装一个数控分度头，就构成了(　　)轴联动。

　　A. 三　　　　　　　　　　B. 四　　　　　　　　　　C. 五

2. 思考题

(1) 三维粗加工类型有哪几种？各种加工类型如何操作？

(2) 三维精加工总共有几种操作类型？有哪几种不同于粗加工？

(3) 多轴加工中有哪几种加工方式？如何区分轴数？

(4) 线架构加工的时候，需不需要绘制曲面进行加工？

(5) 什么是多轴联动？多轴加工的操作方式有几种？如何进行操作？

(6) 为什么在实际生产中，经常需要进行粗加工和精加工配合使用？

3. 操作题

(1) 对如图 7-103 所示的凸形工件进行平行式粗加工，其加工路径如图 7-104 所示。

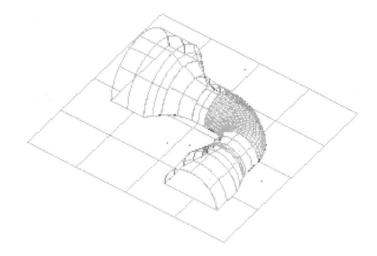

图 7-103　凸形工件

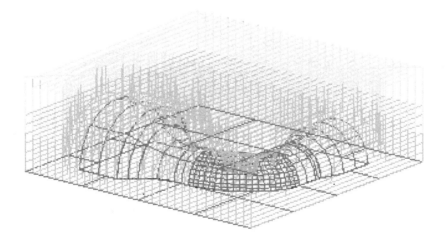

图 7-104　凸形工件的平行式加工路径

(2) 对如图 7-105 所示的陡斜曲面进行钻削式粗加工，其加工路径如图 7-106 所示。

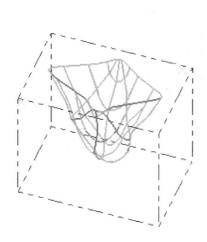

图 7-105　陡斜曲面

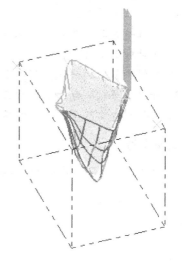

图 7-106　陡斜曲面钻削式加工路径

参 考 文 献

[1] 黄爱华. Mastercam 基础教程[M]. 北京：清华大学出版社，2004.

[2] 张进春. Mastercam V10 基础教程[M]. 北京：清华大学出版社，2007.

[3] 贺建群. Mastercam 数控加工实例教程[M]. 北京：机械工业出版社，2015.

[4] 葛文军. Mastercam 数控加工自动编程入门到精通[M]. 北京：机械工业出版社，2015.

[5] 肖爱民，杨建新，汪光远. Mastercam 数控自动编程与机床加工视频教程[M]. 北京：化学工业出版社，2009.